KB193874

150분이면 충분한 중고등학교 기초 수학

[FULL COLOR ZUKAI]
KOKO SUGAKU NO KISO GA 150FUN DE WAKARU HON
By Masataka Yoneda

Copyright ⓒ 2023 Masataka Yoneda

Korean translation copyright ⓒ 2025 by J-Pub Co., Ltd.
All rights reserved.
Original Japanese language edition published by Diamond, Inc.
Korean translation rights arranged with Diamond, Inc.
Through The English Agency (Japan) Ltd. and Danny Hong Agency

---

150분이면 충분한 중고등학교 기초 수학

1판 1쇄 발행 2025년 1월 3일

지은이 요네다 마사타카
옮긴이 손민규
펴낸이 장성두
펴낸곳 주식회사 제이펍

출판신고 2009년 11월 10일 제406-2009-000087호
주소 경기도 파주시 회동길 159 3층 / **전화** 070-8201-9010 / **팩스** 02-6280-0405
홈페이지 www.jpub.kr / **투고** submit@jpub.kr / **독자문의** help@jpub.kr / **교재문의** textbook@jpub.kr

소통기획부 김정준, 이상복, 안수정, 박재인, 송영화, 김은미, 배인혜, 권유라, 나준섭
소통지원부 민지환, 이승환, 김정미, 서세원 / **디자인부** 이민숙, 최병찬

진행 및 교정 · 교열 김정준 / **내지 디자인 및 편집** 이민숙 / **표지 디자인** 최병찬
용지 타라유통 / **인쇄** 한길프린테크 / **제본** 일진제책사

ISBN 979-11-93926-76-5 (02410)
책값은 뒤표지에 있습니다.

제이펍은 여러분의 아이디어와 원고를 기다리고 있습니다. 책으로 펴내고자 하는 아이디어나 원고가 있는 분께서는
책의 간단한 개요와 차례, 구성과 지은이/옮긴이 약력 등을 메일(submit@jpub.kr)로 보내주세요.

150분이면 충분한
중고등학교 기초 수학

요네다 마사타카 지음 / 손민규 옮김

제이펍

차 례

part 1
이제부터 수학을 배우는 여러분에게

chapter 01 — 이 책의 특징과 구성   2

chapter 02 — 먼저 중학교 기초 수학을 빠르게 배워 보자   8

part
3 **경우의 수/확률과 통계**

part **4** **미적분**

part 5 그 외의 주제

part 6 이 책의 내용을 복습해 보자

chapter 17 고등학교 수학 기초 마무리 172

옮긴이 머리말

최근 AI에 대한 관심이 높아지면서 통계, 머신러닝, 딥러닝을 공부하는 사람들이 늘어나고 있습니다. 그리고 이들을 위한 지금까지의 학습서는 크게 두 가지로 나뉩니다. 수식을 거의 배제한 개념 위주의 입문서이거나, 대학 수학을 이해한다는 전제하에 수식을 포함한 전문 서적입니다.

하지만 중학교와 고등학교에서 배운 기초 수학을 기억하지 못하거나 헷갈려하는 분들이 의외로 많습니다. 이럴 때 주변에 묻기엔 망설여지고, 다시 공부하려 해도 적절한 책을 찾기 어려운 것이 현실입니다.

이 책은 저자가 강조한 대로, 고등학교 수학을 처음 배우는 분들, 한때 포기했던 분들, 혹은 다시 공부하고자 하는 분들을 위한 입문서입니다. 기존의 수학 책과는 달리, 다양한 예제와 그림을 통해 이해하기 쉽게 구성된 것이 이 책의 큰 장점입니다.

함수, 확률과 통계, 미적분, 삼각함수 등 꼭 알아야 할 수학 범위를 모두 다루고 있으며, 가벼운 마음으로 두 번 정도 읽으면 중학교와 고등학교 수학의 기본 개념을 확실히 이해할 수 있도록 구성되어 있습니다. 또한, 선행학습을 하는 초등학교 5, 6학년이나 중학생도 쉽게 이해할 수 있을 정도로 개념을 쉽게 설명하고 있습니다.

기초 수학에 자신이 없다면, 이 책을 먼저 읽은 후 통계, 머신러닝, 딥러닝을 공부해도 충분하리라 생각됩니다.

이렇게 훌륭한 수학 입문서를 소개할 수 있어 매우 기쁩니다. 이 책을 통해 많은 분들이 수학 기초를 탄탄히 다지고, 더 나아가 심화 학습으로 나아가는 기회로 삼기를 바랍니다.

끝으로, 좋은 책을 소개해 주신 장성두 대표님과 이 책의 출간에 도움을 주신 모든 분들께 감사드립니다.

손민규

시작하며

이 책을 구입해 주셔서 감사합니다. 이 책은 아래와 같은 분을 위한 중고등학교 수학 입문서입니다.

- 중고등학교 수학을 처음 공부하시는 분
- 수학을 다시 공부하고 싶은 분
- 수학을 포기한 적이 있는 분

이 책의 특징은 부담 없이 읽을 수 있다는 것입니다. 꼭 알아야 할 기초만 모아서 약 200페이지로 설명하고 있기 때문에 가볍게 읽을 수 있습니다.

그리고 이 책의 더 중요한 특징은 '누구나 중고등학교 기초 수학을 배울 수 있다'를 목표로 삼아 가장 효과적으로 구성했다는 것입니다.

중고등학교 수학을 다룬 책들은 아주 많지만, 대부분의 책들은 어려워서 많은 분이 포기하기도 하고, 삽화나 대화로 구성된 책을 읽으며 이해했다고 생각하나 사실은 이해를 못 하는 경우가 많습니다.

하지만 이 책은 다음의 4가지 특징을 가지고 있기 때문에 누구나 중고등학교 기초 수학을 익힐 수 있다고 자신합니다(자세한 것은 1장을 참고하세요).

1. 중학교 기초 수학부터 설명

2. 수식보다 '컬러 그림'

3. 수학이 힘이 된다는 것을 보여주는 실용적인 예제

4. 빈칸 채우기 연습 문제로 확실한 이해

그럼 바로 시작하겠습니다.

요네다 마사타카(米田 優峻)

part
1

이제부터
수학을 배우는
여러분에게

1부의 목적

1부에서는 먼저 이 책의 특징을 소개하고, 고등학교 수학을 배우는 데 필요한 중학교 기초 수학을 설명합니다.

이 책의 특징과 구성

1장에서는 이 책의 특징과 이 책에서 배우는 내용을 간단하게 소개합니다.
이제 고등학교 수학여행을 시작합시다.

1.1 ▶ 누구라도 고등학교 기초 수학을 배울 수 있다

세상에는 많은 고등학교 수학책이 있습니다. 교과서부터 성인들을 위해 다시
배우는 수학책까지 다양한 목적의 책들이 매주 출판되고 있습니다.

하지만 많은 독자들이 어려워서 포기하거나 삽화나 대화로 구성된 책을 읽으
면서, 읽을 때는 이해한 것처럼 느끼지만 결국 이해하지 못하는 경우가 대부분
입니다. 즉, **고등학교 기초 수학을 누구라도 배울 수 있는 책은 절대 많지 않습니다.**

그래서 고등학교 기초 수학을 누구나 이해할 수 있도록 이 책은 아래 4가지
특징을 준비했습니다.

특징 1: 중학교 기초 수학부터 설명

이 책의 첫 번째 특징은 낮은 레벨부터 시작한다는 것입니다. 일반적인 고
등학교 수학책은 중학교 수학 지식을 이해하고 있다는 것을 전제로 하지만,
이 책은 산수 지식만 있어도 읽을 수 있습니다. 즉, '중학교 수학도 부족한데…'라
고 생각하시는 분도 괜찮습니다.

그러면 왜 중학교 수학 지식이 부족해도 이 책을 읽을 수 있을까요? 그 이유
는 고등학교 기초 수학을 이해하기 위한 중학교 수학 지식[1]도 필요에 따라
친절하게 설명하고 있기 때문입니다. 실제로 이 책은 고등학교 수학을 주로
다루지만, 무려 **전체의 20% 이상이 중학교 수학 범위**로 되어 있습니다.

※1 하지만 이 책에서는 중학교 수학의 전체 범위를 설명하고 있지는 않습니다. 고등학교 기초 수학을 배우는 데 필요한
중학교 수학 지식만을 설명하고 있습니다.

특징 2: 수식보다는 '컬러 그림'

두 번째 특징은 컬러 그림이 많다는 것입니다. 일반적인 고등학교 수학책은 복잡한 수식이 많아서 이해하는 데 시간이 오래 걸리지만 이 책은 어려운 수식을 되도록이면 사용하지 않았습니다.[2] 그 대신 **250개 이상의 컬러 그림**을 사용해서 독자들이 수학적인 내용을 이해할 수 있도록 최대한 노력했습니다.

특징 3: 수학이 힘이 된다는 것을 보여주는 실용적인 예제

세 번째 특징은 실용적이고 구체적인 예제가 많다는 것입니다. 사람들이 수학을 포기하는 요인의 하나가 바로, 수학이 어디에 도움이 되는지 모른다는 것이지만, 이 책에서 그런 걱정은 없습니다. 데이터 분석, 투자, 전기 요금을 비롯한 **실용적이고 구체적인 예제**를 많이 준비했습니다.

특징 4: 빈칸 채우기 연습 문제로 확실한 이해

네 번째 특징은 빈칸 채우기 연습 문제입니다. 먼저 중고등학교 기초 수학을 어느 정도 수준까지 익히려면 손을 움직여 문제를 푸는 것이 매우 중요합니다. 하지만 문제가 너무 어려우면 포기하시는 분들도 많을 겁니다.

---

[2] 물론 수식 없이 중고등학교 수학을 설명하는 것은 어렵기 때문에 이 책에서는 수식이 나와도 간단한 수식만으로 설명하고 있습니다.

그래서 이 책의 연습 문제는 **순서대로 빈칸을 채워 가면 자연스럽게 풀리는 형태**입니다. 그 장을 확인하는 정도의 간단한 내용이므로 꼭 연습 문제도 풀어 보시기 바랍니다.

1.2 ▶ **150분 정도면 전부 읽을 수 있다**[3]

지금까지는 이 책이 이해하기 쉬운 이유를 설명했습니다. 하지만, 사실은 한 가지 특징이 더 있습니다. 그것은 짧은 시간에 읽을 수 있다는 것입니다.

고등학교 수학 교과서는 내용이 많아서 문과가 배우는 범위(공통 수학, 수학 I, 수학 II, 확률통계)만으로도 800페이지가 넘습니다. 그리고 교과서는 한 페이지에 많은 내용을 포함하고 있기 때문에 일반적인 책으로 계산하면 사람에 따라서 1500페이지에서 2000페이지 이상으로 느낄 수 있습니다.

그러나 이 책은 **최소한 알아야 할 기초 개념만 약 200페이지로 설명했습니다.** 그래서 수험서로는 적합하지 않지만, 체육 특기생이나 회사 일로 바쁜 회사원도 부담 없이 읽을 수 있습니다. 처음 수학을 배우거나 다시 배우시는 분들의 첫 번째 책으로도 가장 좋습니다.

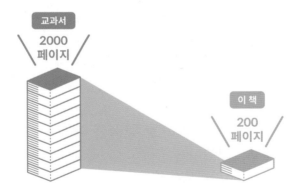

---

[3] 연습 문제를 다 풀어도 대여섯 시간이면 다 읽을 수 있을 것으로 생각합니다.

1.3 ▶ 이 책에서 배우는 것

이 책의 특징 소개는 끝났고 이제 학습할 내용을 설명합니다. 이 책에서는 크게 다음과 같은 네 가지 주제를 배웁니다.

2부: 함수

2부에서는 세상의 여러 가지 현상을 이해하는 데 필요한 함수를 설명합니다. 함수란 무엇인가로 시작해서 후반부에는 지수함수와 로그함수 그리고 함수가 실제 우리 사회와 어떻게 연결되는지를 알아 보겠습니다.

3부: 경우의 수/확률과 통계

3부에서는 세상의 여러 가지를 수학적으로 분석할 때 필요한 경우의 수, 확률, 통계라는 세 가지 도구를 배웁니다. 경우의 수는 몇 가지 패턴이 가능한지를 분석할 때 필요합니다. 확률은 위험이나 손익을 분석할 때 필요합니다. 그리고 통계는 데이터를 분석할 때 필요합니다.

4부: 미적분

4부에서는 미분과 적분을 배웁니다. 미분과 적분은 고등학교 수학에서 어려운 부분으로 유명하지만 사실은 그렇게 어렵지는 않습니다.

5부: 그 외의 주제

5부에서는 지금까지 설명하지 못한 중요한 주제(삼각 함수나 수열 등)를 몇 가지 소개합니다.

또 5부 이후에는 배운 지식을 복습하기 위해 이 책의 내용을 되돌아 보는 코너가 있습니다.

이 책에서 배우는 것!

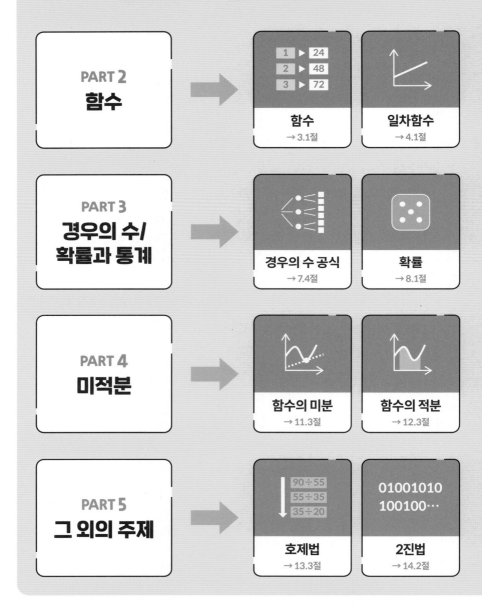

PART 2
함수

1 ▶ 24	
2 ▶ 48	
3 ▶ 72	
함수	**일차함수**
→ 3.1절	→ 4.1절

PART 3
경우의 수/
확률과 통계

경우의 수 공식	**확률**
→ 7.4절	→ 8.1절

PART 4
미적분

함수의 미분	**함수의 적분**
→ 11.3절	→ 12.3절

PART 5
그 외의 주제

90÷55	01001010
55÷35	100100⋯
35÷20	
호제법	**2진법**
→ 13.3절	→ 14.2절

이차함수
→ 4.5절

지수함수
→ 5.2절

로그함수
→ 6.1절

기댓값
→ 8.5절

히스토그램
→ 9.2절

표준편차
→ 9.6절

상관계수
→ 10.2절

등차수열
→ 15.2절

등비수열
→ 15.2절

삼각비
→ 16.2절

삼각함수
→ 16.9절

먼저 중학교 기초 수학을 빠르게 배워 보자

고등학교 수학에 발을 들여놓기 전에 미리 알아야 할 중학교 기초 수학을 몇 가지 소개합니다. 다른 장에 비해서 외울 것은 많지만 9쪽 분량밖에 되지 않으니 안심하셔도 됩니다.

2.1 ▶ 0보다 작은 수

초등학교에서는 0 이상의 수만 배우지만 세상에는 **0보다 작은 수**도 있습니다. 구체적으로는 0 아래에는 −1(마이너스 1), −2(마이너스 2), −3(마이너스 3)과 같은 수가 있습니다.

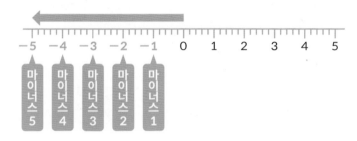

이해가 안 되는 분은 기온을 생각해 보세요. 추운 겨울에 뉴스에서 '최저 기온은 −7℃(마이너스 7℃)입니다'라는 멘트를 들은 적이 있을 것입니다. 이것이 0보다 작은 수인 마이너스의 정체입니다.[1]

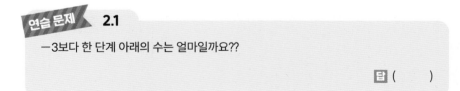

연습 문제 2.1

−3보다 한 단계 아래의 수는 얼마일까요??

답 (　　　)

1　앞에 마이너스가 붙은 0보다 작은 수를 수학 용어로는 음수라고 합니다.

2.2 ▶ 마이너스를 포함하는 덧셈

그러면 −1 더하기 7이나 3 더하기 −5와 같이 마이너스의 수를 포함하는 덧셈은 어떻게 할까요?

덧셈할 때의 포인트는 **수직선상에서의 이동**[2]을 생각하면 됩니다. 구체적으로는 두 번째 숫자(−1 더하기 7에서 7)가 플러스인 경우는 오른쪽으로 이동하고 마이너스인 경우에는 왼쪽으로 이동합니다.

예

먼저 −1 더하기 7을 계산해 봅시다. −1에서 오른쪽으로 7칸 이동하면 6에 도착하므로 덧셈의 답은 6입니다.

다음으로 3 더하기 −5를 계산해 봅시다. 3에서 왼쪽으로 5칸 이동하면 −2에 도착하기 때문에 덧셈의 답은 −2입니다.

---

[2] 수직선은 2.1절 그림처럼 직선 위에 숫자를 대응시켜 표시한 것입니다.

2.3 ▶ 마이너스를 포함하는 뺄셈

마이너스의 수를 포함하는 뺄셈도 덧셈과 마찬가지로 수직선상에서의 이동을 생각하면 간단합니다. 하지만 덧셈과는 **이동 방향이 반대**가 됩니다. 즉, 두 번째 숫자가 플러스인 경우에는 왼쪽으로 이동하고 마이너스인 경우에는 오른쪽으로 이동합니다.

예

먼저 −1 빼기 7을 계산해 봅시다. −1에서 왼쪽으로 7칸 이동하면 −8에 도착하기 때문에 뺄셈의 답은 −8입니다.

다음으로 3 빼기 −5를 계산해 봅시다. 3에서 오른쪽으로 5칸 이동하면 8에 도착하기 때문에 뺄셈의 답은 8입니다.

연습 문제 **2.2**

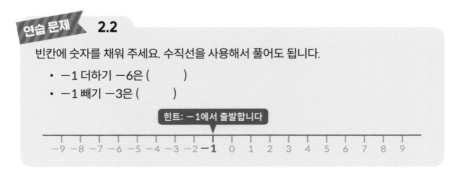

빈칸에 숫자를 채워 주세요. 수직선을 사용해서 풀어도 됩니다.

- −1 더하기 −6은 (   )
- −1 빼기 −3은 (   )

힌트: −1에서 출발합니다

2.4 ▶ 마이너스를 포함하는 곱셈/나눗셈

그러면 곱셈은 어떨까요? **둘 중에 한쪽이 마이너스일 때에만 답에 마이너스를 붙이면 됩니다.**

예를 들어서 2 곱하기 3, −2 곱하기 3, 2 곱하기 −3, −2 곱하기 −3의 계산 결과는 아래 그림과 같습니다. −2 곱하기 −3과 같이 양쪽이 마이너스인 경우는 답에 마이너스를 붙이지 않도록 주의하세요.

나눗셈도 마찬가지입니다. 12 나누기 −4와 같이 한쪽만 마이너스인 경우에만 답에 마이너스를 붙이면 됩니다.

연습 문제 **2.3**

−10 나누기 4를 계산하세요.

📋 10 ÷ 4는 (   )이므로, 답은 (   )

2.5 ▶ 같은 숫자를 여러 번 곱하는 거듭제곱

다음으로 거듭제곱을 설명합니다. 거듭제곱은 **아래와 같이 같은 숫자를 여러 번 곱하는 연산**입니다.

- 2를 네 번 곱하면 $2 \times 2 \times 2 \times 2 = 16$
- 5를 세 번 곱하면 $5 \times 5 \times 5 = 125$
- 8을 세 번 곱하면 $8 \times 8 \times 8 = 512$

여기서 2를 네 번 곱한 수를 **2의 4제곱**이라고 하고 2^4으로 씁니다. 다시 말해서 $2^4 = 16$입니다.

마찬가지로 5를 세 번 곱한 수를 **5의 3제곱**이라고 하고 5^3으로 씁니다. 즉, $5^3 = 125$입니다. 8의 3제곱 등 다른 거듭제곱도 마찬가지입니다.

연습 문제 2.4

7^2은 얼마일까요?

답 (   ) × (   ) = (   )

2.6 ▶ 두 번 곱하면 원래의 수가 되는 루트

$\sqrt{}$ (루트)는 **어떤 수를 두 번 곱해서 원하는 수가 나올 때 그 어떤 수를 구하는 연산**입니다. 구체적인 예는 다음과 같습니다.

- 4를 두 번 곱하면 16이 되므로 $\sqrt{16}$ 은 4[※3]
- 5를 두 번 곱하면 25가 되므로, $\sqrt{25}$ 는 5
- 7을 두 번 곱하면 49가 되므로 $\sqrt{49}$ 는 7

또한 루트는 정사각형의 한 변의 길이를 생각하면 이해하기 쉽습니다. 예를 들어서 면적이 16cm²인 정사각형의 한 변은 4cm이며 이것은 $\sqrt{16}$ 과 같습니다.

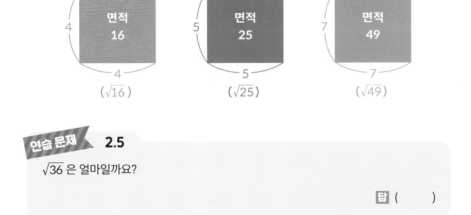

연습 문제 **2.5**

$\sqrt{36}$ 은 얼마일까요?

답 (   )

[※3] 예를 들어서 −4를 두 번 곱해도 16이 되지만, 루트의 답은 0 이상이어야 한다는 규칙이 있으므로 16의 값은 −4가 아니라 4입니다.

2.7 ▶ 문자식

마지막으로 문자식을 설명합니다. 문자식은 $a + 5$, $12 \times b$, $x + y + z$와 같이 **문자를 사용한 식**을 말합니다.

예를 들면 사과가 a개, 귤이 5개 있을 때 과일의 총개수는 $a + 5$와 같은 식으로 나타낼 수 있으며 여기서 $a + 5$가 문자식입니다.[4]

또 b다스의 연필을 샀을 때, 연필의 합은 $12 \times b$라는 식으로 나타내며 이 $12 \times b$라는 식이 문자식입니다.

| 사과 a개 | ➕ | 귤 5개 | ＝ | TOTAL 합 a+5개 |

여기서 갑자기 a라는 문자가 나와서 놀라신 분들도 계시겠지만 수학의 세계에서는 사과의 수와 같이 알지 못하는 수에 a, b, c와 같은 문자를 할당해서 간단한 형태로 쓰는 것이 일반적입니다.

연습 문제 **2.6**

한 변의 길이가 a[cm]인 정사각형의 면적을 문자식으로 나타내세요.

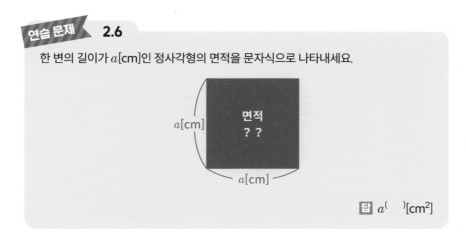

a[cm]

면적
？ ？

a[cm]

답 $a^{(\ \ )}$[cm²]

---

[4] 예를 들어서 사과의 개수 a가 4개일 때, 과일의 총개수 $a + 5$는 9개가 됩니다. 또 사과의 개수 a가 2개일 때, 과일의 총개수 $a + 5$는 7개가 됩니다.

2.8 ▶ 문자식 쓰기 규칙

지금까지는 문자식이 어떤 것인지를 설명을 했으며, 문자식을 쓰는 방법에는 다음과 같은 규칙이 있습니다.

	예
규칙 1: 곱셈기호는 생략[※5]	a 곱하기 b를 나타낼 때 [오답] $a \times b$ [정답] ab
규칙 2: 숫자 × 문자는 숫자를 앞으로	a 곱하기 2를 나타낼 때 [오답] $a2$ [정답] $2a$
규칙 3: 1을 곱할 때는 1을 생략	a 곱하기 1을 나타낼 때 [오답] $1a$ [정답] a
규칙 4: −1을 곱할 때는 마이너스만 붙인다	a 곱하기 −1을 나타낼 때 [오답] $-1a$ [정답] $-a$

예를 들어서 100원 동전 a개와 50원 동전 b개가 있을 때의 합계 금액을 문자식으로 써 봅시다.

먼저 100원 동전만의 합계 금액은 $100 \times a$원, 50원 동전만의 합계 금액은 $50 \times b$원이므로 전체 합계 금액은 $100 \times a + 50 \times b$원이 됩니다.

하지만 문자식을 쓸 때는 곱하기 기호를 생략할 수 있기 때문에 합계 금액의 문자식은 **$100a + 50b$원**이 됩니다.

 2.7

500원 동전 a개와 100원 동전 b개가 있을 때 총금액은 어떤 문자식으로 표현될까요?

답 (   )

※5 이 책에서는 설명을 쉽게 하기 위해 $a \times b$와 같이 쓰는 경우도 있습니다.

2.9 ▶ 고등학교 수학을 시작하자

2장의 내용은 여기까지입니다. 1부는 암기할 게 많았는데요, 고생하셨습니다.

다음 3장 이후는 이 책의 메인으로 들어가지만 그다지 어려운 내용은 아닙니다. 이 책을 읽기 위해 필요한 출발선은 초등학교 산수 지식과 이번에 배운 **마이너스의 수, 거듭제곱과 루트, 문자식**뿐입니다. 다시 말해서, 2장을 읽은 여러분은 이미 준비가 되어 있습니다.

어려워하지 말고 이 책을 계속해서 읽어 보세요. 드디어 이륙할 시간입니다.

1부의 확인 문제 ∙∙

문제 1

-3 곱하기 -6은 얼마일까요?

(   )

문제 2

지운이는 매일 a페이지씩 책을 읽습니다. 7일 동안 몇 페이지 읽게 될까요? 문자식으로 나타내세요. [힌트: 2.8절]

(   )페이지

part

2

함수

2부의 목적

함수는 세상의 여러 가지 현상을 이해하는 데 중요한 수학 주제입니다. 예를 들어서 2020년 이후에 맹위를 떨쳤던 코로나바이러스감염증-19 (코로나19)가 폭발적으로 확산해서 국내 첫 감염 이후 불과 4개월 만인 20년 4월에 국내 누적 감염자 수가 1만 명이 넘었던 것을 기억하시나요? 이런 현상도 2부에서 다루는 지수함수를 배우면 이해할 수 있습니다.

2부에서는 함수란 무엇인가로 시작해서 일차함수, 이차함수, 지수함수, 로그함수라는 4가지 대표적인 함수를 배웁니다. 실용적인 예제도 많이 준비했습니다.

완전 초보도 이해하는 함수

3장에서는 함수란 무엇인지, 그리고 함수를 이해하기 쉽게 하는 함수의 그래프를 소개합니다. 중학교 수학 범위지만 먼저 여기서부터 시작합니다.

3.1 ▶ 함수

함수는 **어떤 수를 결정하면 다른 수가 자동으로 결정되는 관계**를 말합니다. 예를 들어서 일수日數와 시간과의 관계를 생각해 봅시다.

- 일수가 1일 때, 시간은 24시간
- 일수가 2일 때, 시간은 48시간
- 일수가 3일 때, 시간은 72시간

이렇게 일수를 결정하면 시간도 자동으로 결정됩니다. 따라서 **시간은 일수의 함수**라고 할 수 있습니다.[1]

━━━━━━━━━━━━━━━━━━━━━━━━━━━━━━━━━━━━

[1] '(결정되는 쪽)은 (결정하는 쪽)의 함수다'라고 말합니다.

3.2 ▶ 함수의 예(1): 자동차 운전

다음으로 서울에서 천안까지 약 100킬로미터를 일정한 속도로 운전할 때의 시속과 소요 시간과의 관계를 생각해 봅시다.

- 시속 20km일 때, 소요시간은 5시간
- 시속 25km일 때, 소요시간은 4시간
- 시속 50km일 때, 소요시간은 2시간

이렇게 시속을 결정하면 소요 시간도 자동으로 결정됩니다. 그래서 **소요 시간은 시속의 함수**라고 할 수 있습니다.

3.3 ▶ 함수의 예(2): 거스름돈

다른 예로 100원짜리 동전밖에 없을 때의 상품의 가격과 거스름돈의 관계를 생각해 봅시다.

- 가격이 680원일 때, 거스름돈은 20원
- 가격이 850원일 때, 거스름돈은 50원
- 가격이 940원일 때, 거스름돈은 60원

이렇게 가격을 결정하면 거스름돈도 자동으로 결정됩니다. 따라서 **거스름돈은 상품 가격의 함수**라고 할 수 있습니다.

3.4 ▶ 함수 식을 쓰는 법

다음으로 수학의 세계에서 함수를 쓰는 방법을 설명합니다. 기본적으로는 결정하는 수를 x, 자동으로 결정되는 수를 y라는 문자로 나타내고, y = [어떤 것]이라는 형식으로 함수를 씁니다.

예를 들어서 3.1절에서 설명한 일수와 시간의 함수식은 어떨까요? 시간은 24 × (일수)이므로 함수의 식은 $y = 24x$가 됩니다.[※2]

또 3.2절에서 설명한 자동차 운전의 함수는 어떨까요? 소요 시간은 100 ÷ (시속)이므로 함수의 식은 $y = 100 \div x$가 됩니다.

 3.1

> 지운이는 편의점에서 시급 15000원짜리 아르바이트를 하고 있습니다. 급료 y는 노동 시간 x에 대해 어떤 함수로 표시될까요? 괄호 안에 알맞은 수를 적어 주세요.
>
> 답 $y = ($ $)x$

연습 문제 **3.2**

> 정육면체의 부피 y는 정육면체 한 변의 길이 x에 대해 어떤 함수로 표시될까요? 괄호 안에 알맞은 수를 적어 주세요.
>
>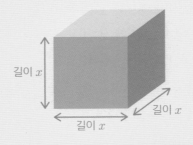
>
> 답 $y = x($ $)$

※2 일수가 결정하는 수 x, 시간이 자동으로 결정되는 수 y임에 유의하세요.

3.5 ▶ 함수의 이해를 돕는 그래프

앞에서 설명한 함수의 식은 편리하지만, 내용을 이해하기 어렵다는 문제가 있습니다. 예를 들어서 $y = 100 \div x$라는 식을 보는 것만으로는

- x가 커지면 y가 작아진다
- x가 5를 넘으면 y가 20보다 작아진다

와 같은 함수의 특징을 한순간에 파악할 수 없습니다. 그러나 **함수의 그래프**를 사용하면 한눈에 알 수 있습니다.

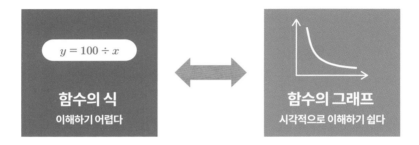

그렇다면 함수의 그래프는 어떤 것일까요? 먼저 아래의 기온 그래프를 살펴봅시다.

이 그래프는 현재 시각과 기온과의 관계를 그림으로 나타내고 있으며, 예를 들어서 6시의 기온은 약 12℃, 8시의 기온이 약 16℃임을 알 수 있습니다.

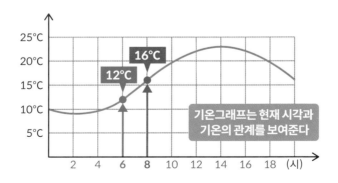

사실 함수의 그래프도 이것과 마찬가지로 x와 y의 관계를 그림으로 나타낸 것입니다. 예를 들어서 함수 $y = 24x$의 그래프는 아래 그림과 같으며,

- $x = 1$일 때, y의 값이 $24 \times 1 = 24$
- $x = 2$일 때, y의 값이 $24 \times 2 = 48$
- $x = 3$일 때, y의 값이 $24 \times 3 = 72$

라는 것을 나타내고 있습니다(다른 x의 값도 동일하게 계산).

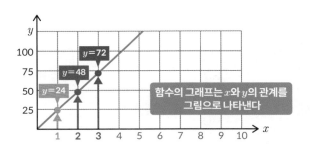

또 함수 $y = 100 \div x$ 그래프는 어떻게 될까요? 답은 아래 그림과 같으며,[3] 이 그래프는

- $x = 1$일 때, y의 값이 $100 \div 1 = 100$
- $x = 2$일 때, y의 값이 $100 \div 2 = 50$
- $x = 3$일 때, y의 값이 $100 \div 3 = 33.333\cdots$

라는 것을 나타내고 있습니다(다른 x의 값도 동일하게 계산).

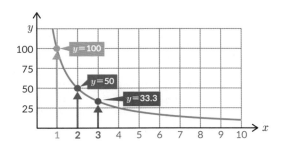

---

[3]   그래프에서 $x = 10$보다 큰 부분이 계속되지만 여기서는 생략했습니다.

이런 함수의 그래프를 보면 $y = 24x$는 x가 커지면 y가 **오른쪽 위로 커지고**, $y = 100 \div x$는 x가 커지면 y가 **오른쪽 아래로 작아진다**와 같은 함수의 특징을 한눈에 알 수 있습니다.

함수 $y = 24x$
x가 커지면
y가 오른쪽 위로
커진다

함수 $y = 100 \div x$
x가 커지면
y가 오른쪽 아래로
작아진다

chapter 03의 정리

▶ 함수란 어떤 수를 결정하면 다른 수가 자동으로 결정되는 관계
▶ 함수는 $y = 24x$와 같이 x와 y의 식으로 나타내는 것이 기본
▶ 함수 그래프는 x와 y의 관계를 그림으로 나타낸 것

일차함수와 이차함수

3장에서는 함수의 정의를 설명했으며, 이번 장에서는 가장 기본 함수인 일차함수와 이차함수를 배워서 함수에 익숙해지는 것을 목표로 합니다.

4.1 ▶ 일차함수

일차함수란 아래와 같은 형식으로 표현되는 함수를 말합니다. 다만 [수치] 부분은 0이나 마이너스가 되어도 상관없습니다.[1]

$$y = \boxed{수치}\, x + \boxed{수치}$$

예를 들어서 $y = 3x + 5$나 $y = -2x + 6$은 일차함수입니다. 또한 $y = 4x$와 $y = 4x + 0$는 같기 때문에 일차함수입니다.

또 조금 어렵지만 $y = x - 6$도 일차함수입니다. 왜냐하면 왼쪽의 [수치]에 1을 넣고 오른쪽의 [수치]에 -6을 넣으면 $y = x - 6$이 되기 때문입니다.[1]
(아래 그림을 참고하세요)

$y = 3x + 5$의 경우	$y = \boxed{3}\, x + \boxed{5}$
$y = -2x + 6$의 경우	$y = \boxed{-2}\, x + \boxed{6}$
$y = 4x$의 경우	$y = \boxed{4}\, x + \boxed{0}$
$y = x - 6$의 경우	$y = \boxed{1}\, x + \boxed{-6}$

---

[1] 엄밀하게 왼쪽의 [수치]는 0이면 안 됩니다.

단, $y = x^2$이나 $y = 4 \div x$는 앞의 형식과 다르기 때문에 일차함수가 아닙니다.

연습 문제 **4.1**

다음 중 일차함수에 체크하세요.

- [   ] $y = 4x + 8$
- [   ] $y = x + 1$
- [   ] $y = -x + 1$
- [   ] $y = -77x$
- [   ] $y = x^3$

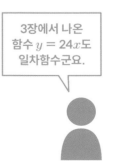

3장에서 나온 함수 $y = 24x$도 일차함수군요.

4.2 ▶ 일차함수의 그래프

일차함수의 그래프는 **반드시 직선**입니다. 예를 들어서 일차함수 $y = 0.5x + 1$의 경우,

- $x = 1$일 때, y의 값이 $0.5 \times 1 + 1 = 1.5$
- $x = 2$일 때, y의 값이 $0.5 \times 2 + 1 = 2$
- $x = 3$일 때, y의 값이 $0.5 \times 3 + 1 = 2.5$
- $x = 4$일 때, y의 값이 $0.5 \times 4 + 1 = 3$

이므로, 함수의 그래프는 다음과 같습니다. 확실히 직선입니다.

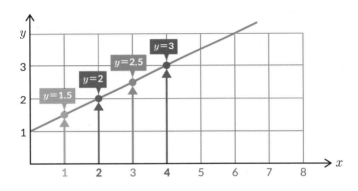

아래의 몇 가지 다른 일차함수 그래프도 보면 모두 직선입니다.

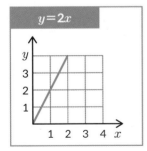

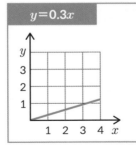

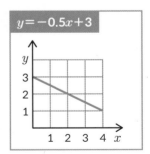

그렇다면 일차함수의 그래프는 왜 직선일까요? 그 이유는 x가 1 증가했을 때의 증가량(**일차함수의 기울기**라고 합니다)은 항상 일정한 값이기 때문입니다.

예를 들어서 함수 $y = 0.5x + 1$의 경우에 y의 값은 1.5 → 2.0 → 2.5 → 3.0 …과 같이 항상 0.5씩 커집니다.

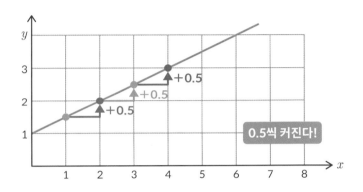

다음 중 함수 $y = -0.5x + 4$의 그래프는 무엇일까요?

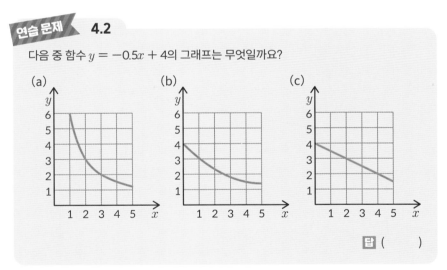

(a)　　　　(b)　　　　(c)

답 (　　　)

4.3 ▶ 일차함수의 예(1): 연봉

다음으로 일차함수를 몇 가지 소개합니다. 첫 번째는 연봉의 변화입니다. 입사했을 때의 연봉이 3000만 원이고, 이후 1년마다 연봉이 200만 원씩 올라가는 경우를 생각해 봅시다. 이때 입사 x년 후의 연봉 y는 어떤 함수로 나타날까요?

연봉의 식은 200 × (경과 연수) + 3000[단위: 만 원]이므로 연봉은 일차함수 $y = 200x + 3000$으로 나타낼 수 있습니다.[2]

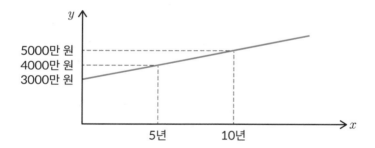

연습 문제 4.3

입사했을 때의 연봉이 8000만 원이고 이후 1년마다 연봉이 500만 원씩 오르는 경우에 입사 x년 후의 연봉 y는 어떤 함수로 표시될까요?

답 $y = ($ $)x + ($ $)$

※2 여기에서는 x가 정수가 아닌 경우(예: 0.5년 후 등)는 생각하지 않는 것으로 합니다.

4.4 ▶ 일차함수의 예(2): 전기요금

두 번째 예제는 전기요금입니다. 어떤 전력회사의 표준 플랜은 전기 사용량에 관계없이 기본요금이 14300원입니다. 그리고, 전기를 1kWh 사용할 때마다 전력량 요금은 200원입니다.

예를 들어서 전기를 100kWh 사용했을 경우에는 기본요금 14300원에 전력량 요금 200 × 100 = 20000원이 들기 때문에 전기요금은 14300 + 20000 = 34300원이 됩니다. 그러면 전기를 xkWh 사용했을 때의 전기요금 y는 어떤 함수로 나타날까요?

전기요금의 식은 200 × (사용량) + 14300이므로 요금은 일차함수 $y = 200x + 14300$으로 나타나는 것을 알 수 있습니다. 이렇게 세상의 여러 가지 것들이 일차함수로 나타납니다.

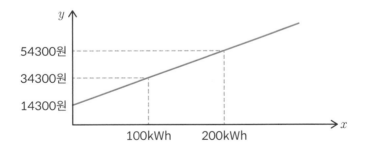

연습 문제 ▶ **4.4**

> 기본요금이 12000원, 1kWh당 전력량 요금이 300원인 경우에 전기를 xkWh 사용했을 때의 전기요금 y는 어떤 함수로 나타날까요?
>
> 📋 $y = ($ $)x + ($ $)$

4.5 ▶ 이차함수

일차함수의 설명이 끝났으니, 다음으로 이차함수를 설명합니다. **이차함수**는 다음과 같이 x^2까지의 식으로 나타나는 함수입니다. 단, [수치] 부분은 0이나 마이너스여도 상관없습니다.[3]

$$y = \boxed{수치}\, x^2 + \boxed{수치}\, x + \boxed{수치}$$

예를 들어서 함수 $y = 2x^2 + 3x + 4$나 함수 $y = -3x^2 + 5x + 7$은 이차함수입니다. 또 함수 $y = 2x^2$도 $y = 2x^2 + 0x + 0$과 같기 때문에 이차함수입니다.

조금 어렵지만 $y = x^2 - 9x$도 이차함수입니다. 왜냐하면 첫 번째 [수치]에 1을, 두 번째 [수치]에 -9를, 세 번째 [수치]에 0을 넣으면 $y = x^2 - 9x$가 되기 때문입니다.

$y = 2x^2 + 3x + 4$의 경우	$y = \boxed{2}\,x^2 + \boxed{3}\,x + \boxed{4}$
$y = -3x^2 + 5x + 7$의 경우	$y = \boxed{-3}\,x^2 + \boxed{5}\,x + \boxed{7}$
$y = 2x^2$의 경우	$y = \boxed{2}\,x^2 + \boxed{0}\,x + \boxed{0}$
$y = x^2 - 9x$의 경우	$y = \boxed{1}\,x^2 + \boxed{-9}\,x + \boxed{0}$

단, $y = x^3$이나 $y = 4 \div x$는 위의 형식과 다르기 때문에 이차함수가 아닙니다.

 **4.5**

다음 중 이차함수에 체크하세요.

- [　] $y = -3x^2 - 4x - 5$
- [　] $y = 1 \div (x + 1)$

---

[3]　엄밀하게는 첫 번째 [수치]는 0이면 안 됩니다.

4.6 ▶ 이차함수의 그래프

그러면 이차함수의 그래프는 어떤 모양일까요? 먼저 가장 간단한 이차함수인 $y = x^2$은

- $x = -2$일 때, y의 값은 $(-2) \times (-2) = 4$
- $x = -1$일 때, y의 값은 $(-1) \times (-1) = 1$
- $x = -0$일 때, y의 값은 $\quad 0 \times \quad 0 = 0$
- $x = \quad 1$일 때, y의 값은 $\quad 1 \times \quad 1 = 1$
- $x = \quad 2$일 때, y의 값은 $\quad 2 \times \quad 2 = 4$

가 되므로 함수의 그래프는 다음과 같습니다.

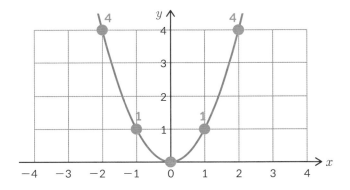

이렇게 $y = x^2$의 그래프는 공을 던질 때의 궤도인 포물선이 뒤집힌 모양이 됩니다.

그러면 다른 이차함수의 그래프는 어떨까요? 이차함수의 그래프는 반드시 포물선이나 포물선이 뒤집힌 모양인 것으로 알려져 있습니다(아래 그림을 참고하세요).[4]

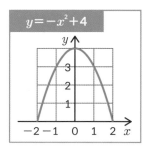
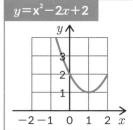
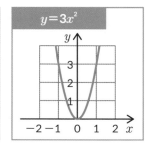

연습 문제 **4.6**

다음 중 함수 $y = 0.5x^2$ 그래프는 어떤 것일까요?

(a)
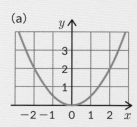

(b)
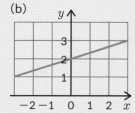

(c)
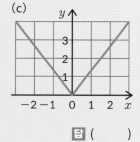

답 ( )

chapter 04의 정리

▶ 일차함수는 $y = [수치]x + [수치]$로 나타나며 그래프는 직선

▶ 이차함수는 $y = [수치]x^2 + [수치]x + [수치]$로 나타나며 그래프는 포물선 또는 포물선이 뒤집힌 모양

---

[4] 이차함수의 그래프가 포물선인 이유는 고등학교 3학년 내용이기 때문에 이 책에서는 다루지 않습니다.

column 삼차함수

3장의 후반부에서는 x^2까지의 식으로 표현되는 이차함수를 소개했습니다. 마찬가지로 x^3까지를 사용해서 다음과 같은 형식으로 표현되는 함수를 삼차함수라고 합니다.

$$y = \boxed{\text{수치}}\,x^3 + \boxed{\text{수치}}\,x^2 + \boxed{\text{수치}}\,x + \boxed{\text{수치}}$$

그러면 삼차함수 그래프는 어떤 모양일까요? 이차함수는 포물선과 포물선이 뒤집힌 모양뿐이었지만, 삼차함수는 아래 그림과 같이 여러 가지 형태가 있습니다.

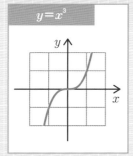

$y = x^3$

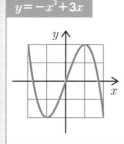

$y = -x^3 + 3x$

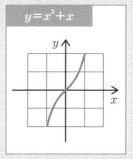

$y = x^3 + x$

또, 세상에는 삼차함수 말고도 많은 함수가 있습니다. x^4까지 사용해서 나타내는 함수를 사차함수, x^5까지 사용해서 나타내는 함수를 오차함수…라고 합니다. 또 오차함수가 되면 그래프는 아래 그림과 같이 상당히 복잡해집니다(여기서는 아래 그래프를 보시고 대략 이런 모양이구나라고 이해하는 것만으로 충분합니다).

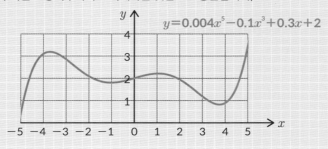

$y = 0.004x^5 - 0.1x^3 + 0.3x + 2$

급격히 증가하는 지수함수

여러분은 뉴스 등에서 '지수함수적인 증가'와 같은 표현을 들어 보셨을 겁니다. 이번 장에서는 구체적인 예제와 함께 지수함수를 알아 보겠습니다.

5.1 ▶ 거듭제곱 복습

먼저 2장에서 다룬 거듭제곱을 복습해 보겠습니다. a^b은 **a의 b제곱**이라고 하며 **a를 b번 곱한 수**를 나타냅니다.

예를 들어서 2^3은 2를 세 번 곱한 수로 $2 \times 2 \times 2 = 8$입니다. 또, 5^3은 5를 세 번 곱한 수로 $5 \times 5 \times 5 = 125$입니다.

$$2^3 = 2 \times 2 \times 2$$

$$5^3 = 5 \times 5 \times 5$$

연습 문제 **5.1**

아래 표에 괄호 안에 들어갈 수를 채워 주세요.

제곱	2^1	2^2	2^3	2^4	2^5	2^6
답	2	( )	( )	( )	( )	( )

5.2 ▶ 지수함수

이제 지수함수를 설명하겠습니다. **지수함수**는 아래의 형식으로 나타나는 함수입니다. ($y = $ [수치]의 x제곱입니다.[1])

$$y = \boxed{\;\text{수치}\;}^{x}$$

예를 들어서 $y = 2^x$이나 $y = 3^x$ 등은 지수함수지만 $y = x^2$은 이 형식을 따르지 않기 때문에 지수함수가 아닙니다. (주의: $y = 2^x$을 $y = 2x$로 착각하지 않도록 합시다.)

 **5.2**

> 다음 중 지수함수에 체크하세요.
>
> - [　　] $y = 10^x$
> - [　　] $y = 2x + 1$

그렇다면 지수함수의 그래프는 어떤 모양일까요? 만약에 [수치]가 1보다 크다면[2] **오른쪽 위로 증가합니다.** 예를 들어서 $y = 2^x$의 그래프는 다음과 같습니다.

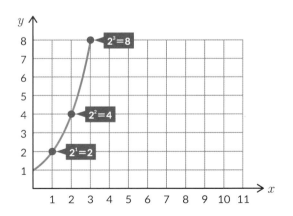

※1　[수치]는 0보다 커야 합니다.
※2　[수치]가 1보다 작은 경우는 5.3절 뒷부분을 참고하세요.

5.3 ▶ 급격히 증가하는 지수함수

지수함수의 가장 큰 특징은 **급격히 증가한다는 것**입니다. 예를 들어서 함수 $y = 2^x$의 $x = 1, 2, 3, \cdots, 10$에서 y의 값을 계산하면 아래 그림과 같으며 $x = 10$의 시점에서 1000을 넘어 버립니다.

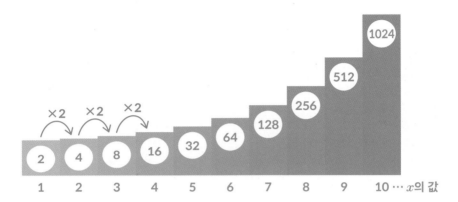

단, $y = 0.6^x$이나 $y = 0.8^x$과 같이 [수치] 부분이 1보다 작은 경우의 지수함수의 값은 **급격히 0에 가까워집니다.**

예를 들어서 $y = 0.8^x$은 아래 그림과 같으며 $x = 10$의 시점에서 처음의 10% 가까이로 줄어들게 됩니다. (하지만 자주 나오는 패턴은 급격히 증가하는 쪽이므로 지수함수는 급증한다는 이미지를 갖는 것이 좋습니다.)

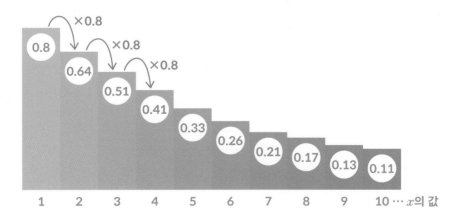

5.4 ▶ 지수함수의 예(1): 감염병의 확대

지수함수의 예를 몇 가지 소개합니다. 첫 번째는 감염병의 확산입니다. 한 명이 일주일 사이에 세 명에게 옮기는 감염병이 발생하면

- 1주일 후의 감염자 수는 3명
- 2주일 후의 감염자 수는 $3 \times 3 = 9$명
- 3주일 후의 감염자 수는 $3 \times 3 \times 3 = 27$명

으로 늘어나며, x주 후의 감염자 수 y는 어떤 함수로 나타날까요? 정답은 $y = 3^x$입니다. 그리고 3의 7제곱은 2187이므로 7주 후에는 2000명 이상으로 감염이 확산됩니다.

이렇게 지수함수가 급격히 증가한다는 것을 알고 있다면 코로나19와 같은 감염병이 폭발적으로 확대되는 이유를 알 수 있습니다.

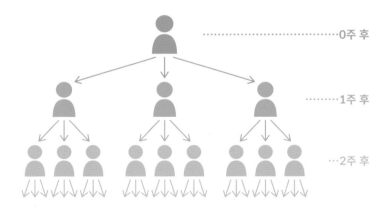

0주 후

1주 후

2주 후

연습 문제 **5.3**

앞에서 언급한 감염병의 예에서 10주 후의 감염자 수는 몇 명이 될까요? 계산기를 사용해서 계산하세요.[3]

답 ( )만 ( )명

---

[3] 아니면 구글에서 '3^10'으로 검색해 보세요.

5.5 ▶ 지수함수의 예(2): 회사의 성장

두 번째는 회사의 성장입니다. 어떤 회사의 사장이 매년 20% 성장이라는 목표를 내걸었습니다. 만약 목표대로 된다면 회사의 규모는

- 1년 후에는 1.2배[4]
- 2년 후에는 1.2 × 1.2 = 1.44배
- 3년 후에는 1.2 × 1.2 × 1.2 = 1.728배

가 되며, x년 후의 회사의 규모 y는 어떤 함수로 나타날까요? 답은 $y = 1.2^x$ 입니다. 그리고 1.2의 20제곱은 약 38.34이므로[5], 20년 후에는 약 38배로 성장한다는 계산이 됩니다.

이렇게 지수함수를 알고 있다면, 매년 20%라는 작은 성장이라도 반복되면 매우 커진다는 것을 알 수 있습니다.

 **5.4**

만약 회사가 매년 30% 성장을 계속한다면 x년 후 회사의 규모 y는 어떤 함수로 나타날까요? 괄호 안을 채워 주세요.

$$\text{답 } y = (\qquad)^x$$

---

[4] 연 20% 성장은 연 1.2배 성장하는 것과 같습니다.
[5] Google에서 '1.2^20'으로 검색하면 정답(약 38.34)을 알 수 있습니다.

5.6 ▶ 2^{-1} 또는 $2^{0.5}$도 계산할 수 있다

마지막으로 조금 어려운 내용을 소개합니다. 지금까지는 2^2이나 2^3과 같은 플러스 제곱밖에 다루지 않았지만, 사실 2^{-1}과 같은 **마이너스 제곱**도 있습니다. 그러면 어떻게 계산하면 좋을까요?

먼저 함수 $y = 2^x$은 x가 1 증가하면 y가 두 배가 됩니다. 이걸 반대로 하면 **x가 1 감소하면 y가 절반**이 됩니다.

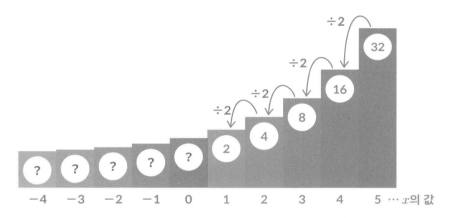

이렇게 y를 반으로 나누는 계산을 계속해 봅시다. 그러면 아래 그림과 같이 $2^0 = 1$, $2^{-1} = 0.5$, $2^{-2} = 0.25$ …가 됩니다. 이제 마이너스 제곱을 계산할 수 있습니다.

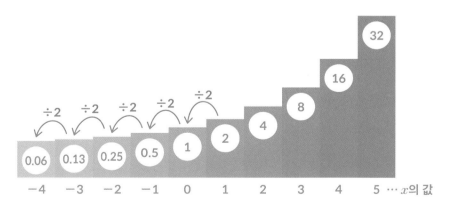

아래 표에 괄호 안에 들어갈 수 있는 수를 채워 주세요.

제곱	10^{-2}	10^{-1}	10^0	10^1	10^2	10^3
답	( )	( )	( )	10	100	1000

또, $2^{0.5}$과 같은 소수점 제곱도 있습니다. 계산 방법은 조금 어렵지만 한 단계씩 꼼꼼히 설명하겠습니다.

먼저 지수함수의 중요한 성질을 하나 소개합니다. **2^a과 2^b을 곱하면 2^{a+b}이 됩니다.** 예를 들면 $3 + 4 = 7$이기 때문에 $2^3 \times 2^4 = 2^7$이 됩니다.

이 성질은 소수점 제곱의 경우에도 성립합니다. 예를 들어서 $0.5 + 0.5 = 1$이므로 $2^{0.5} \times 2^{0.5} = 2^1$이 됩니다.

$$2^{0.5} \times 2^{0.5} = 2^{0.5+0.5} = 2^1$$

그런데 $2^{0.5} \times 2^{0.5} = 2$라는 식에서 뭔가 보이는 것이 있나요.

$2^1 = 2$이므로, $2^{0.5}$은 같은 수를 두 번 곱하면 2가 되는 수가 됩니다. 따라서 $2^{0.5}$은 $\sqrt{2}$ [6]가 됩니다. 이렇게 소수점 제곱을 계산할 수 있습니다.

※6 약 1.414입니다. 또 2의 값이 약 1.414인 것은 구글에서 '제곱근 2'로 검색하면 확인할 수 있습니다.

$2^{84} \times 2^{16}$은 2의 몇 제곱일까요? 빈칸에 들어갈 수를 적어 주세요.

📋 2의 (　　　)제곱

---

chapter 05의 정리

▶ 지수함수는 $y = [수치]^x$의 형태로 나타낸다

▶ 지수함수의 그래프는 급격히 증가한다(단, 곱하는 수가 1 미만이면 급격하게 0에 가까워진다).

▶ 2^{-1}이나 $2^{0.5}$과 같은 마이너스 제곱이나 소수점 제곱도 계산할 수 있다.

chapter
06

몇 년 만에 10배가 될까? 로그함수

로그 log는 어떤 수를 몇 제곱하면 알고 싶은 수가 되는가를 나타냅니다. 이렇게 들으면 조금 어려워 보일 수 있지만, 사실 투자나 그래프 작성과 같은 일상생활에서도 자주 나옵니다. 과연 어떤 것일까요?

6.1 ▶ 로그, 몇 제곱을 하면 좋은가

여러분은 $\log$[1]라는 수학 기호를 본 적이 있나요? log는 **어떤 수를 몇 제곱을 하면 알기를 원하는 수가 되는지**를 나타내는 기호입니다.

구체적으로는 2를 몇 제곱하면 x가 될까를 $\log_2 x$로 씁니다. 예를 들어서 2를 3제곱하면 8이 되므로 $\log_2 8 = 3$입니다(다른 예는 아래 그림).

※1 '로그'라고 읽습니다.

또 10을 몇 제곱하면 x가 될까를 $\log_{10}x$로 씁니다. 예를 들어서 10을 2제곱하면 100이 되므로 $\log_{10}100 = 2$입니다.

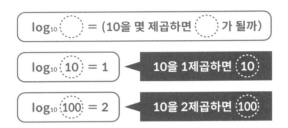

또 3을 몇 제곱하면 x가 될까를 $\log_3x$로 씁니다. 예를 들어서 3을 2제곱하면 9가 되므로 $\log_3 9 = 2$입니다. $\log_4 x$나 $\log_5 x$ 등 다른 수의 경우도 마찬가지입니다.

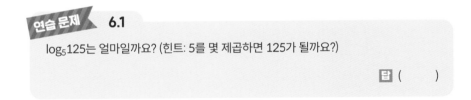

연습 문제 **6.1**

$\log_5 125$는 얼마일까요? (힌트: 5를 몇 제곱하면 125가 될까요?)

답 (   )

6.2 ▶ 로그함수

이제, 로그함수를 설명합니다. **로그함수**는 아래의 형식으로 나타나는 함수 입니다.

$$y = \log_{\boxed{\text{수치}}} x$$

예를 들어서 $y = \log_2 x$나 $y = \log_{10} x$는 로그함수지만 $y = x^2$은 이 형식을 따르지 않기 때문에 로그함수가 아닙니다.

또한 로그함수의 그래프는 기본적으로 **오른쪽 위로 완만하게 증가합니다.**[※2] 예를 들어서 $y = \log_{10} x$의 그래프는 아래 그림과 같습니다.

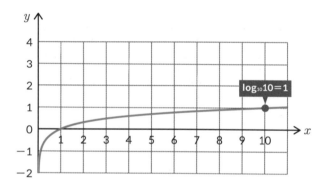

연습 문제 **6.2**

다음 중 로그함수인 것에 체크하세요.
- [　　] $y = \log_8 x$
- [　　] $y = 3^x$

※2 단, [수치] 부분이 1 미만일 때는 오른쪽 아래로 감소합니다.

6.3 ▶ 로그함수의 예(1): 투자

그렇다면 로그함수는 실제로 어떻게 활용되고 있을까요? 첫 번째 예는 투자입니다.

당신은 지금 1000만 원을 가지고 있고, 능숙하게 투자하면 투자금을 연이율 10%로, 즉 1년 만에 1.1배로 늘릴 수 있다고 합시다. 이때 투자금은

- 1년 후에는 1000 × 1.1 = 1100만 원
- 2년 후에는 1100 × 1.1 = 1210만 원
- 3년 후에는 1210 × 1.1 = 1331만 원

으로 늘어나며, 투자금이 **10배인 1억 원**이 되는 것은 몇 년 후일까요?

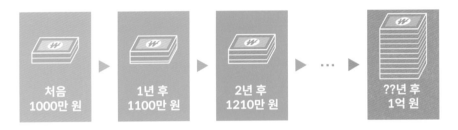

x년 후의 투자금은 처음의 1.1^x배가 되므로 필요한 햇수는 1.1을 몇 제곱하면 10이 될까요? 즉, **$\log_{1.1} 10$년**입니다.

그래서 $\log_{1.1} 10$을 계산기로 계산하면 24.15…라는 값이 나오기 때문에 **25년**이면 투자금이 10배가 된다는 것을 알 수 있습니다. 덧붙여 log의 값을 계산기로 계산하는 방법은 이 장의 마지막 칼럼을 참고하세요.

연습 문제 **6.3**

앞의 투자 예에서 투자금을 20배인 2억 원으로 만들려면 몇 년이 필요할까요?
빈칸에 해당하는 수를 적어 주세요.

답 $\log_{1.1}($)년

6.4 ▶ 로그함수의 예(2): 로그 그래프

로그함수가 실생활에 도움이 되는 다른 예제로는 로그 그래프를 들 수 있습니다. **로그 그래프**는 아래 오른쪽 그림과 같이 y축의 1 눈금의 크기가 10배[3]인 그래프입니다(주의: 1 눈금의 크기는 10이 아니라 10배입니다).

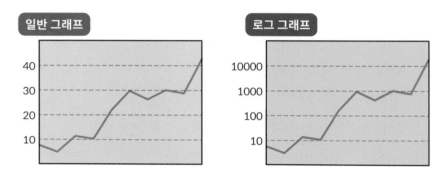

로그 그래프가 어떻게 도움이 되는지 소개하기 전에 먼저 로그 그래프를 그리는 방법을 설명합니다. 로그 그래프를 그리는 데 있어서, 포인트는 a라는 데이터를 그릴 때 **맨 아래에서 $\log_{10}a$ 값만큼 y축의 눈금 위에 점을 찍는 것**입니다.

예를 들어서 $\log_{10}5000$의 값은 약 3.7이므로 5000이라는 데이터를 그릴 때는 y축의 3.7 눈금 위에 점을 찍으면 됩니다.

또, $\log_{10}200$의 값은 약 2.3이므로 200이라는 데이터를 그릴 때는 y축의 2.3 눈금 위에 점을 찍으면 됩니다.

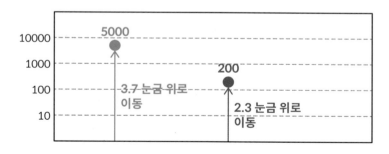

---

[3] 경우에 따라서는 10배가 아니라 2배나 100배가 될 수도 있습니다.

그렇다면 지금까지 설명한 로그 그래프는 우리에게 어떤 부분에서 도움이 될까요?

예를 들어서 아래의 그래프를 보세요. 이 그래프는 2020/2부터 2023/1까지의 우리나라 코로나바이러스 감염자 수의 월별 추세이지만 알기 어려운 점이 하나 있습니다.[4] 감염자 수가 적었던 2020년부터 2021년까지의 데이터를 전혀 파악할 수 없다는 것입니다. 예를 들어서 첫 번째 정점이 언제였는지에 대한 정보조차 알 수 없습니다.

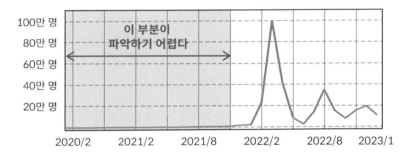

하지만 로그 그래프를 사용하면 2020/3에 첫 번째 정점을 맞이했고, 첫 번째 정점의 감염자 수가 월 약 6800명 정도였던 것 등 기존 그래프로는 알 수 없었던 정보를 파악할 수 있게 됩니다.

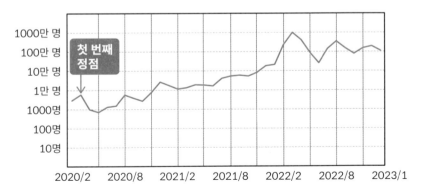

※4 원서의 일본 자료 대신에 감염병 포털(https://ncv.kdca.go.kr/pot/cv/trend/dmstc/selectMntrgSttus.do)에서 '코로나19 누적확진자(전수감시)' 자료(20.1.3. 이후 누계)를 다운로드하여 가공했습니다.

지금까지 총 30페이지에 걸쳐서 일차함수, 이차함수, 지수함수, 로그함수라는 4가지 대표적인 함수를 배웠으며 이것으로 2부 함수 편은 끝입니다. 수고하셨습니다.

chapter 06의 정리

▶ 로그 log는 몇 제곱을 하면 알고자 하는 수가 되는가를 나타낸다.
▶ 예를 들어서 $\log_2 x$는 2를 몇 제곱하면 x가 되는가를 나타낸다.
▶ 로그함수는 실제로 여러 가지 상황에서 활용할 수 있다.

column

로그를 계산기로 계산하는 방법

log 계산은 $\log_{10} 100$이나 $\log_2 8$과 같은 일부를 제외하고 바로 알기 힘든 경우가 많습니다. 예를 들어서 $\log_{20} 23$의 값은 약 1.047이지만 이것을 바로 계산할 수 있는 사람은 거의 없을 것입니다.

그래서 log의 계산은 계산기를 사용하는 경우가 많습니다. 예를 들어서 $\log_{20} 23$은 엑셀에 '=LOG(23,20)'으로 입력하면 간단하게 계산할 수 있습니다(20과 23의 순서를 거꾸로 하지 않도록 주의하세요).

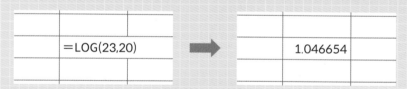

엑셀이 없는 분도 https://www.wolframalpha.com/이라는 웹사이트에서 입력란에 'log20(23)'과 같이 입력하면 로그값을 계산할 수 있습니다.

문제 1

일차함수라면 A, 이차함수라면 B, 지수함수라면 C, 로그함수라면 D를 괄호 안에 적어 주세요.

- [   ] 함수 $y = x + 1$
- [   ] 함수 $y = \log_5 x$
- [   ] 함수 $y = 9x^2 + 8x + 7$
- [   ] 함수 $y = 1.01^x$

문제 2

어떤 도시의 인구는 1년에 5%의 속도로 증가하고 있습니다. 이대로 인구 증가가 계속될 경우

- 1년 후에는 인구가 1.05배
- 2년 후에는 인구가 1.05 × 1.05 = 1.1025배
- 3년 후에는 인구가 1.05 × 1.05 × 1.05 = 약 1.16배

가 됩니다. x년 후의 인구가 몇 배가 되어 있는지를 y라고 할 때, 이것은 어떤 함수로 나타낼 수 있을까요? 다음 중에서 올바른 것에 동그라미를 치세요

(일차함수, 이차함수, 지수함수, 로그함수)

part

3

경우의 수/
확률과 통계

3부의 목적

어떤 대상을 수학적으로 분석하고 싶다고 생각한 적이 있나요? 수학적
분석을 위해서는 3부에서 배우는 다음 3가지가 중요합니다.

- 몇 가지 패턴이 있는지 알아 보는 경우의 수
- 위험과 이득을 분석하는 데 중요한 확률
- 데이터의 특징을 분석하는 데 중요한 통계

여러분도 이 3가지를 배워서 수학적 분석을 할 수 있는 사람이 되어 봅시다.

패턴의 가짓수를 세는 경우의 수

수학적 분석을 할 수 있게 되는 첫 번째 단계는 얼마나 많은 패턴이 있는지를 셀 수 있게 되는 것입니다. 이 장에서 패턴의 가짓수를 세는 기술을 배워봅시다.

7.1 ▶ 패턴의 가짓수를 세어 봅시다

그럼, 문제를 풀어 봅시다. 어떤 동아리에 고운, 지운, 영우, 민규가 소속되어 있습니다.

이 중에 1명이 회장, 1명이 부회장이 될 때 회장과 부회장의 조합으로는 몇 가지 패턴을 생각할 수 있을까요? (단, 한 사람이 회장과 부회장을 동시에 할 수는 없습니다.)

답은 **12가지**입니다. 회장과 부회장의 조합은 아래 그림과 같이 12가지 패턴을 생각할 수 있습니다.

7.2 ▶ 수형도

어떻게 하면 12가지 패턴을 빠짐없이 정확하게 셀 수 있을까요? 가장 간단한 방법은 가능성이 있는 패턴을 나뭇가지 모양의 **수형도**tree diagram로 그리는 것입니다.[1]

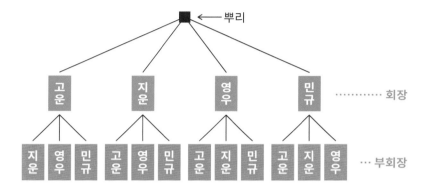

수형도는 다음과 같이 그릴 수 있습니다. 먼저 회장의 선택지를 그리고, 그다음에 부회장의 선택지를 그리는 것이 포인트입니다.

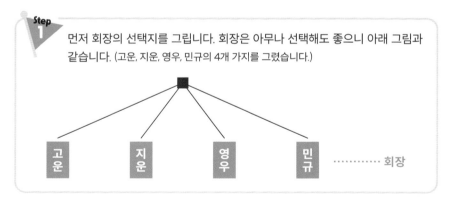

Step 1

먼저 회장의 선택지를 그립니다. 회장은 아무나 선택해도 좋으니 아래 그림과 같습니다. (고운, 지운, 영우, 민규의 4개 가지를 그렸습니다.)

---

[1] 수학의 세계에서 수형도를 그릴 때는 뿌리와 그에 연결된 선은 생략하고 그리는 경우가 많지만, 여기서는 보기 쉽게 하기 위해 뿌리를 그렸습니다.

다음은 부회장의 선택지를 그립니다. 만약 고운이가 회장이 될 경우에 부회장이
될 수 있는 사람은 지운, 영우, 민규 3명이므로 가지는 아래 그림과 같이 됩니다.

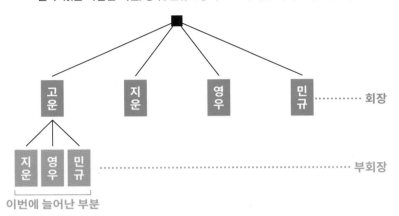

다음은 지운이가 회장이 되었을 경우를 생각합니다. 부회장이 될 수 있는 사람
은 고운, 영우, 민규 3명이므로 가지는 아래 그림과 같이 확장됩니다.

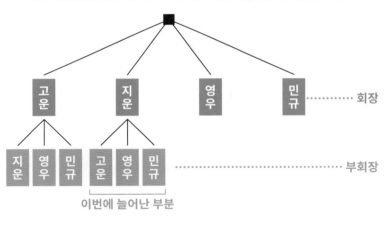

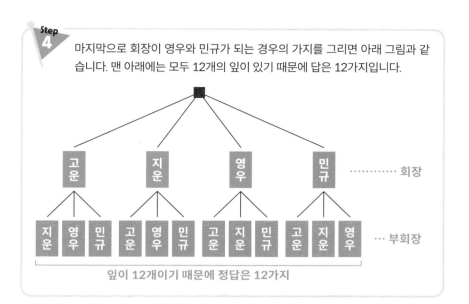

Step 4

마지막으로 회장이 영우와 민규가 되는 경우의 가지를 그리면 아래 그림과 같습니다. 맨 아래에는 모두 12개의 잎이 있기 때문에 답은 12가지입니다.

 7.1

A, B, C 세 명이 릴레이 달리기합니다. 릴레이를 달리는 순서는 몇 가지로 생각할 수 있을까요? 단, C 다음에 B가 뛰면 안 됩니다.

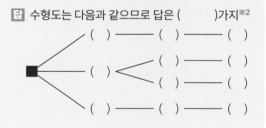

답 수형도는 다음과 같으므로 답은 (   )가지[2]

---

[2] 수형도는 7.2절 그림과 같이 세로로 그리거나 연습 문제 7.1 그림과 같이 가로로 그릴 수 있습니다.

7.3 ▶ 수형도의 문제점

앞에서 소개한 수형도는 편리하지만, 큰 문제점이 있습니다. 그것은 그리는 데 시간이 오래 걸린다는 것입니다. 앞의 예처럼 12가지 정도면 문제가 없지만, 이것이 1000가지나 2000가지가 되면 수형도를 그리는 것에만 시간을 다 쓸 수도 있습니다.

그래서 이 장의 뒷부분에서는 좀 더 빠르게 패턴의 가짓수를 계산하는 3가지 공식(곱의 법칙, 순열 공식, 조합 공식)을 소개합니다.

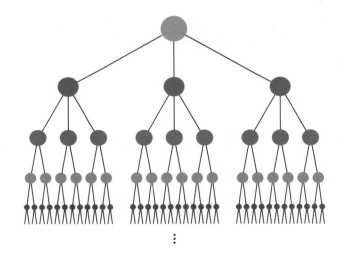

수형도는 시간이 너무 오래 걸린다!

7.4 ▶ 공식(1): 곱의 법칙

첫 번째로 설명할 공식은 **곱의 법칙**입니다. 곱의 법칙은

- 첫 번째 사건이 발생하는 경우가 a가지
- 두 번째 사건이 발생하는 경우가 b가지

일 때, 두 개의 사건이 동시에 발생하는 경우의 조합은 $a \times b$가지라는 공식입니다.

예를 들어서 내일 기상 시각을 5시, 6시, 7시, 8시, 9시의 5가지 중에서 선택하고, 내일 아침 식사를 밥, 빵의 2가지 중에서 선택한다고 합시다. 이때 기상 시각과 아침 식사의 조합은 총 5 × 2 = 10가지입니다.[3]

또 옷의 크기를 S, M, L의 3가지 중에서 선택하고, 옷의 색을 빨간색, 파란색, 초록색, 노란색, 검은색, 흰색의 6가지 중에서 선택한다고 합시다. 이때 옷을 고르는 방법의 조합은 총 3 × 6 = 18가지입니다.

이렇게 간단한 식으로 계산할 수 있는 이유는 다음 그림과 같이 직사각형의 칸을 생각하면 이해하기 쉽습니다.

※3 첫 번째 사건이 기상 시각, 두 번째 사건이 아침 식사라고 생각하면 이해하기 쉬울 것입니다.

예를 들어, 옷의 경우는 아래 그림과 같은 칸을 생각해 봅시다. 칸의 크기는 세로 3행, 가로 6열이며, 1개의 칸은 하나의 선택 방법에 대응하므로 답은 3 × 6이라는 식으로 계산할 수 있습니다.

연습 문제 **7.2**

OX 퀴즈가 두 문제 출제됐습니다. 답의 조합은 몇 가지일까요?

> 🗹 첫 번째 문제의 답은 (　　　　)가지
> 두 번째 문제의 답은 (　　　　)가지
> 따라서 답의 조합은 (　　　) × (　　　) = (　　　)가지

연습 문제 **7.3**

곱의 법칙은 기상 시각과 아침 식사와 같이 사건이 2개인 경우뿐만 아니라 3개 이상에서도 성립합니다. 예를 들어서 아침 식사가 다섯 가지, 점심 식사가 두 가지, 저녁 식사가 세 가지일 때 식사 조합은 5 × 2 × 3 = 30가지가 됩니다.

그러면 OX 퀴즈가 3문제 출제되었을 때의 답의 조합은 몇 가지일까요?

> 🗹 첫 번째 문제의 답은 (　　　)가지
> 두 번째 문제의 답은 (　　　)가지
> 세 번째 문제의 답은 (　　　)가지
> 따라서 답의 조합은 (　　　) × (　　　) × (　　　) = (　　　)가지

7.5 ▶ 순열 공식을 배우기 전에

다음에 설명할 공식은 순열permutation 공식이지만, 이 공식은 간단하지 않기 때문에 구체적인 예부터 설명하도록 하겠습니다.

먼저 A~E의 5명 중에서 릴레이의 첫 번째 주자, 두 번째 주자, 세 번째 주자를 선택하는 방법은 몇 가지가 있을까요? 달리는 순서가 다르면 다른 방법이 되므로[4] 답은 60가지입니다(아래 그림을 참고하세요).

A ▶ B ▶ C	A ▶ B ▶ D	A ▶ B ▶ E	A ▶ C ▶ B
A ▶ C ▶ D	A ▶ C ▶ E	A ▶ D ▶ B	A ▶ D ▶ C
A ▶ D ▶ E	A ▶ E ▶ B	A ▶ E ▶ C	A ▶ E ▶ D
B ▶ A ▶ C	B ▶ A ▶ D	B ▶ A ▶ E	B ▶ C ▶ A
B ▶ C ▶ D	B ▶ C ▶ E	B ▶ D ▶ A	B ▶ D ▶ C
B ▶ D ▶ E	B ▶ E ▶ A	B ▶ E ▶ C	B ▶ E ▶ D
C ▶ A ▶ B	C ▶ A ▶ D	C ▶ A ▶ E	C ▶ B ▶ A
C ▶ B ▶ D	C ▶ B ▶ E	C ▶ D ▶ A	C ▶ D ▶ B
C ▶ D ▶ E	C ▶ E ▶ A	C ▶ E ▶ B	C ▶ E ▶ D
D ▶ A ▶ B	D ▶ A ▶ C	D ▶ A ▶ E	D ▶ B ▶ A
D ▶ B ▶ C	D ▶ B ▶ E	D ▶ C ▶ A	D ▶ C ▶ B
D ▶ C ▶ E	D ▶ E ▶ A	D ▶ E ▶ B	D ▶ E ▶ C
E ▶ A ▶ B	E ▶ A ▶ C	E ▶ A ▶ D	E ▶ B ▶ A
E ▶ B ▶ C	E ▶ B ▶ D	E ▶ C ▶ A	E ▶ C ▶ B
E ▶ C ▶ D	E ▶ D ▶ A	E ▶ D ▶ B	E ▶ D ▶ C

---

[4] 예를 들어서 A → B → C와 B → C → A가 다른 방법이라고 생각한다는 의미입니다.

그렇다면 60가지라는 대답을 빠르게 계산하는 방법이 있을까요? 사실 **첫 번째 주자부터 순서를 생각해서 선택하는 전략**을 쓰면 간단합니다.

먼저 첫 번째 주자를 선택합니다. 첫 번째 주자로는 A~E 중에 아무나 선택해도 되기 때문에 첫 번째 주자를 선택하는 방법은 5가지입니다.

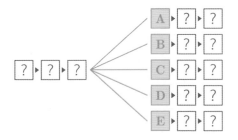

다음으로 두 번째 주자를 선택합니다. 두 번째 주자는 첫 번째 주자와 같은 사람을 선택할 수 없기 때문에 두 번째 주자의 선택 방법은 4가지입니다. 예를 들어서 첫 번째 주자로 A가 선택된 경우에 두 번째 주자는 B, C, D, E의 4명 중 하나가 됩니다.

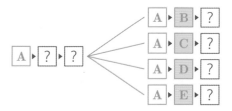

마지막으로 세 번째 주자를 선택합니다. 세 번째 주자는 첫 번째 주자, 두 번째 주자와 같은 사람을 선택할 수 없으므로 세 번째 주자의 선택 방법은 3가지입니다.

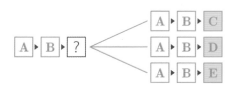

이렇게 첫 번째 주자를 선택하는 방법은 5가지, 두 번째 주자를 선택하는 방법은 4가지, 세 번째 주자를 선택하는 방법은 3가지가 있으므로 주자를 선택하는 방법은 모두 5 × 4 × 3 = 60가지가 있다는 것을 알 수 있습니다.

7.6 ▶ 공식(2): 순열 공식

이제 이 장에서 가장 중요한 순열 공식을 설명합니다. 먼저 앞의 예에서는 순서를 생각해서※5 5명으로부터 3명을 선택했으며, 선택하는 방법의 수는 5 × 4 × 3가지, 즉 **3부터 5까지의 곱셈**으로 계산할 수 있었습니다.

또 순서를 생각해서 9명 중에서 3명을 선택하는 방법도 똑같이 계산할 수 있습니다. 첫 번째를 선택하는 방법은 9가지, 두 번째를 선택하는 방법은 8가지, 세 번째를 선택하는 방법은 7가지가 있으므로 답은 9 × 8 × 7 = 504가지입니다. **7부터 9까지의 곱셈**으로 되어 있네요.

※5 순서를 생각한다는 것은 A → B → C와 B → C → A가 다른 방법이라고 생각한다는 것입니다.

그러면 순서를 생각해서 n명 중에서 r명을 선택하는 방법은 몇 가지가 있을까요? 이것은 $n - r + 1$부터 n까지의 곱셈이 됩니다. 왜냐하면,

- 첫 번째를 선택하는 방법은 n가지 ($=n - 1 + 1$가지),
- 두 번째를 선택하는 방법은 $n - 1$가지 ($=n - 2 + 1$가지),
- 세 번째를 선택하는 방법은 $n - 2$가지 ($=n - 3 + 1$가지),
  ...
- r 번째를 선택하는 방법은 $n - r + 1$가지

이기 때문입니다. 이 공식을 **순열 공식**이라고 합니다.

예를 들어 순서를 생각해서 앞의 9명 중에서 3명을 선택하는 경우를 생각해 봅시다.

이것은 순열 공식의 $n = 9, r = 3$인 경우이며 $n - r + 1$의 값은 $9 - 3 + 1 = 7$이 되므로 답은 7부터 9까지의 곱셈, 즉, $9 \times 8 \times 7 = 504$가지가 됩니다. 이전 페이지의 답과 일치합니다.

 7.4

고운, 지운, 영우, 민규 중에서 회장과 부회장을 선택하는 방법은 몇 가지일까요? 단, 겸임은 할 수 없는 것으로 합니다.

📝 (　　　)명 중에서 (　　　)명의 순서를 생각해서 선택하는 것이므로,
　 답은 (　　　)부터 (　　　)까지의 곱셈, 즉 (　　) × (　　) = (　　　)가지

특히, n개를 나열하는 순서는 **(1부터 n까지의 곱셈)**가지[6]입니다. 예를 들면 4개를 나열하는 순서의 수는

- 첫 번째를 고르는 방법은 4가지,
- 두 번째를 고르는 방법은 3가지,
- 세 번째를 고르는 방법은 2가지,
- 네 번째를 고르는 방법은 1가지

따라서 답은 1부터 4까지의 곱셈, 즉 $4 \times 3 \times 2 \times 1 = 24$가지입니다.

연습 문제 **7.5**

고운, 지운, 영우 3명이 노래방에서 한 번씩 노래를 부릅니다. 노래하는 순서는 몇 가지일까요?

답 (   )부터 (   )까지의 곱셈이므로 (   )가지

조금만 더 힘내자!

---

[6] 수학의 세계에서는 1부터 n까지의 곱셈을 $n!$이라고 간단하게 표기할 수 있습니다('n 팩토리얼'이라고 읽습니다). 예를 들어서 $4! = 4 \times 3 \times 2 \times 1 = 24$입니다.

7.7 ▶ 조합 공식을 배우기 전에

마지막으로 설명할 공식은 조합 공식이며, 이것도 난도가 높기 때문에 알기 쉬운 예제부터 설명하겠습니다.

먼저 5명의 부서원 중에서 담당자를 3명 선택하는 방법은 몇 가지가 있을까요? 정답은 아래와 같이 **10가지**입니다. (릴레이 예제와는 달리 A, B, C와 B, C, A는 같은 방법이 된다는 것에 주의하세요.)

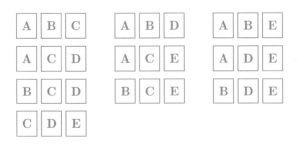

그렇다면 10가지라는 대답을 빠르게 계산하려면 어떻게 해야 할까요? 먼저 순서를 생각해서※주의 5명 중에서 3명을 선택하는 방법은 앞에 설명했듯이 전부 **60가지**가 있습니다.

그런데, 순서를 생각하지 않는※주의 경우에는 A, B, C를 나열한 방법들(다음 그림의 주황색 부분)은 모두 같은 방법이 됩니다.

마찬가지로 C, D, E를 나열한 방법들(다음 그림의 녹색 부분)도 모두 같은 방법이 됩니다.

> **주의** ⚠️
> ▶ **순서를 생각해서 선택한다**는 것은 A, B, C와 B, C, A를 다른 선택 방법으로 생각한다는 것입니다.
> ▶ **순서를 생각하지 않고 선택한다**는 것은 A, B, C와 B, C, A를 같은 선택 방법으로 생각한다는 것입니다.

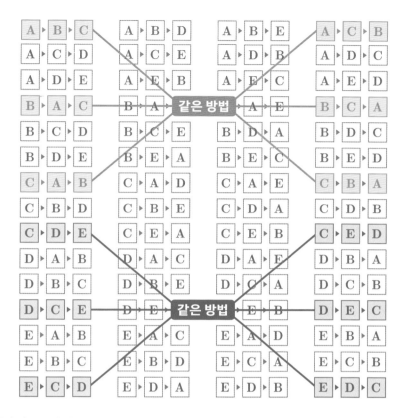

여기서 7.6절에서 설명한 것처럼 A, B, C나 C, D, E와 같이 3개를 나열하는 경우의 수는 3 × 2 × 1 = 6가지입니다. 따라서 **6가지 패턴이 같은 방법이 된다는 것입니다.**

그래서 답은 60을 6으로 나눈 10가지가 됩니다.

7.8 ▶ 공식(3): 조합 공식

이제 준비가 되었으니 조합 공식을 설명하겠습니다. 앞에서는 5명 중에서 3명을 순서를 생각하지 않고 선택하는 예제를 설명했으며, 선택하는 방법의 수는 60 ÷ 6이라는 식으로 계산할 수 있었습니다.

여기서 60은 '순서를 생각해서 선택하는 방법의 수 5 × 4 × 3'이며, 6은 'A, B, C 세 가지를 나열하는 방법의 수 3 × 2 × 1'을 의미합니다.

그러면 순서를 생각하지 않고 n명 중에서 r명을 선택하는 방법의 수는 몇 가지일까요? 이것은 **(순서를 생각해서 선택하는 방법)÷(1부터 r까지의 곱셈)**가지가 됩니다.

왜냐하면 r개를 나열하는 방법의 가짓수는 1부터 r까지의 곱셈이고, 순서를 생각해서 선택하는 방법을 순서를 생각하지 않고 선택하는 방법으로 바꾸는 경우에는, '1부터 r까지의 곱셈'가지의 패턴이 같은 방법이 되기 때문입니다. 이 공식을 **조합 공식**이라고 합니다.

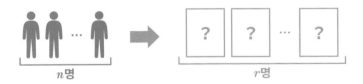

예를 들어서 순서를 생각하지 않고 9명 중에서 3명을 선택하는 방법의 수를 조합 공식으로 계산해 봅시다(이것은 조합 공식 $n = 9$, $r = 3$인 경우입니다).

먼저, 순서를 생각해서 선택하는 방법은 **9 × 8 × 7 = 504**가지가 있습니다. 하지만 순서를 생각하지 않게 되면 1부터 3까지의 곱셈, 즉 3 × 2 × 1 = 6가지가 같은 방법이 됩니다. 따라서 답은 **504 ÷ 6 = 84**가지입니다.

연습 문제 　7.6

순서를 생각하지 않고 8명 중에서 2명을 선택하는 방법의 수는 몇 가지일까요?

📋 먼저, 순서를 생각해서 선택하는 방법의 수는 (　　) × (　　) = (　　)가지.
순서를 생각하지 않으면 A, B 두 개를 나열하는 방법의 수 (　　)가지가 같으므로,
답은 (　　)가지.

7.9　▶ 조합 공식을 사용해 보자

그러면 마지막으로 조합 공식을 사용하는 문제를 풀어 봅시다. 어떤 반에는 40명의 학생이 있으며, 이 중에서 2명의 청소 당번을 뽑으려고 합니다. 청소 당번을 선택하는 방법은 총 몇 가지일까요? (이것은 조합 공식 $n = 40$, $r = 2$인 경우입니다.)

40명 중에서 2명을 순서를 생각해서 선택하는 방법의 수는 40 × 39 = 1560 가지이므로 답은 이것을 1부터 2까지의 곱셈, 즉 2 × 1 = 2로 나눈 **780가지**입니다. 조합 공식을 이해하셨나요?

패턴의 가짓수를 조사하는 가장 간단한 방법은 수형도지만, 빨리 조사하기 위해서는
다음 세 가지 공식이 편리하다.

1. 곱의 법칙   **사건 1이 a가지, 사건 2가 b가지**

                    → 두 가지 사건이 동시에 발생하는 경우의 조합은 $a \times b$가지

2. 순열 공식   **순서를 생각해서 n개 중에서 r개를 선택하는 경우의 수**

                    → $n - r + 1$부터 n까지의 곱셈

3. 조합 공식   **순서를 생각하지 않고 n개 중에서 r개를 선택하는 경우의 수**

                    → 순열 공식 ÷ (1부터 r까지의 곱셈)

게임과 경우의 수

여러분 오셀로Othello game, 체스chess, 장기를 해 본 적이 있나요? 이 게임들은 심오하기로 유명하며, 사실은 경우의 수가 이 심오함과 관련이 있습니다.

먼저 오셀로에서 있을 수 있는 상태의 수가 몇 가지인지 생각해 봅시다. 오셀로에는 모두 64개의 칸이 있으며, 각 칸의 상태는

- 돌이 놓여 있지 않다
- 흰 돌이 놓여 있다
- 검은 돌이 놓여 있다

의 3가지가 있으므로, 전부 3^{64}가지(약 10^{30}가지)의 경우를 생각할 수 있습니다. 실제로는 아래 그림과 같이 있을 수 없는 상태도 있기 때문에 조금 줄어들지만 그래도 10^{28}가지 정도는 있다고 합니다.

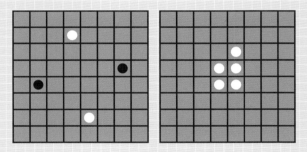

그러면 10^{28}가지라는 거대한 수의 상태와 심오함을 어떻게 연관시킬 수 있을까요? 만약 가능한 상태가 500가지밖에 없다면 이 500가지 각각에 대해 가장 좋은 수를 기억한다면 기본적으로는 이길 수 있습니다. 그러나 10^{28}가지나 되는 경우가 있을 때, 인간은 모든 가장 좋은 수를 기억할 수 없습니다. 이것이 오셀로의 심오함과 연관되어 있다는 것입니다.

또한 체스의 상태의 수는 10^{44}가지, 장기의 상태의 수는 10^{71}가지 정도라고도 합니다. 이런 의미에서는 세 가지 중에서 장기가 가장 심오한 게임이라고 할 수 있습니다.

확률과 기댓값을 이해하자

시험에서 실패하면 어떡하지? 이 사업에서 얼마나 기대할 수 있을까? 확률과 기댓값을 알면 이런 위험이나 손익을 수학적으로 분석할 수 있습니다. 이 장에서 확률과 기댓값 두 가지를 정복합시다.

8.1 ▶ 확률

확률은 **어떤 사건이 얼마나 일어나기 쉬운지를 나타내는 값**입니다. 예를 들어서 강수확률이 70%라면 10번에 7번의 비율로 비가 오고, 강수확률이 20%라면 10번에 2번의 비율로 비가 온다는 것을 의미합니다.

강수확률 70% → 10번에 7번은 비

여기서 중요한 것을 하나 설명하겠습니다. 여러분이 일상생활에서 확률을 나타낼 때는 0%에서 100%까지의 퍼센트 표기를 사용하는 경우가 많을 것입니다.

하지만 수학 세계에서는 퍼센트를 사용하지 않고 **0~1 사이의 수치**로 나타내기도 합니다. 예를 들어서 확률 70%는 확률 0.7, 확률 20%는 확률 0.2가 됩니다. (이렇게 하는 이유는 확률계산이 쉬워지기 때문입니다.)

연습 문제 8.1

확률 5%를 퍼센트 표기를 사용하지 않고 나타내세요.

답 (   )

8.2 ▶ 확률을 계산하려면

세상의 여러 가지 확률을 계산하려면 어떻게 하면 좋을까요? 물론 강수확률과 같은 복잡한 확률 계산은 어렵지만, 그렇지 않은 경우는 사실 간단하게 계산하는 방법이 있습니다. 이 장에서는 나눗셈 공식과 확률의 곱셈 법칙, 두 가지를 소개합니다.

8.3 ▶ 확률 계산 방법(1): 나눗셈 공식

나눗셈 공식[1]은 간단히 말하면 **N가지 중에서 M가지가 당첨될 때의 당첨 확률은 $M \div N$이다**라는 것입니다.

예를 들어서 공평한 주사위를 한 번 던져봅시다. 2 이하가 나오면 당첨일 때, 당첨 확률은 얼마일까요?

주사위의 눈은 1, 2, 3, 4, 5, 6의 6가지가 있으며, 이 중에 2가지만 당첨이므로 당첨 확률은 $2 \div 6 = \dfrac{1}{3}$입니다. 퍼센트로 고치면 약 33%가 됩니다.

단, 이번에 설명한 나눗셈 공식은 N가지의 패턴이 동일한 확률로 일어날 때만 사용해야 한다는 것에 주의하세요.

예를 들어서 시험의 결과로는 합격과 불합격의 두 가지가 있으므로 합격할 확률은 $1 \div 2 = 0.5$(50%)라고 하는 것은 잘못된 것입니다. 왜냐하면 합격과 불합격이 같은 확률로 일어난다고는 할 수 없기 때문입니다. (자세한 것은 이 장의 마지막 칼럼을 참고하세요.)

---

[1] 수학계에서는 사용되지 않는 이름이지만 기억하기 쉽도록 필자가 마음대로 이름을 붙였습니다.

4개의 보기 중에 하나의 답을 선택하는 문제에서 임의로 답을 고르면 정답을 고를 확률은 얼마일까요? 힌트: 4개 중에 몇 개가 정답인지 생각합니다.

답 (　　　)%

8.4 ▶ 확률 계산 방법(2): 곱의 법칙

다음으로 설명할 방법은 확률에서 곱의 법칙입니다. 곱의 법칙은

- 첫 번째 사건이 발생할 확률이 a
- 두 번째 사건이 발생할 확률이 b

일 때, **두 가지 사건이 동시에 발생할 확률은 $a \times b$**라는 것입니다.

예를 들어서 내일 맑을 확률이 0.3(= 30%), 내일 주가가 오를 확률이 0.5(= 50%)라고 합시다. 이때 내일 맑고 주가가 오를 확률은 0.3 × 0.5 = 0.15(15%)입니다.

또, 복권이 당첨될 확률이 0.02(= 2%), 게임에서 상품이 당첨될 확률이 0.03(= 3%)라고 합니다. 이때 복권과 게임에 동시에 당첨될 확률은 0.02 × 0.03 = 0.0006(0.06%)입니다. 절망적이네요.

이런 곱의 법칙은 사건이 3개 이상인 경우에도 사용할 수 있습니다. 예를 들면

- 수학 시험에 합격할 확률이 0.9(= 90%)
- 국어 시험에 합격할 확률이 0.8(= 80%)
- 과학 시험에 합격할 확률이 0.7(= 70%)

일 때, 모든 시험에 합격할 확률은 0.9 × 0.8 × 0.7 = 0.504(50.4%)입니다.

곱의 법칙은 사건이 서로 영향을 미치지 않는 경우에만 사용할 수 있다는 것에 주의하세요.

예를 들어서 (사실은 그렇지 않지만) 앞의 예에서 만약 맑은 날에는 주가가 오르기 쉽고, 비가 오는 날에는 주가가 내려가기 쉬운 경향이 있는 경우에 맑으면서도 주가가 오를 확률은 0.3 × 0.5 = 0.15가 된다고는 할 수 없습니다.

 **8.3**

어떤 조작된 동전을 던지면 확률 0.4(= 40%)로 앞면이 나옵니다. 이 동전을 두 번 던졌을 때 두 번 다 앞면이 나올 확률은 얼마일까요? 퍼센트 표기로 대답하세요.

답 ( )%

8.5 ▶ 기댓값

다음으로 확률과 함께하는 개념인 기댓값을 소개합니다. 기댓값은 평균적으로 어느 정도의 점수를 얻을 수 있는지를 나타내는 수치입니다.

예를 들어서 확률 30%로 2000원을 받을 수 있고 확률 70%로 1000원을 받을 수 있는 복권을 샀습니다. 이때 평균적으로 얼마를 받을 수 있다고 생각하는 것이 자연스러울까요?

1000원은 너무 적고 1500원은 반대로 너무 많지만, 1300원 정도라고 생각하면 자연스러울 것입니다. 이것이 기댓값의 사고방식입니다.

8.6 ▶ 기댓값 계산 방법

기댓값은 점수 × 확률의 합으로 계산할 수 있습니다. 예를 들어서 앞의 복권 경우에 점수 × 확률은 각각

- 당첨될 경우: 2000원 × 0.3 = 600원
- 당첨이 안 될 경우: 1000원 × 0.7 = 700원

이 되기 때문에 기댓값은 600 + 700 = 1300원이 됩니다.

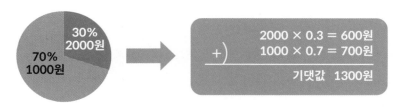

또 수학 기말고사 점수가 10% 확률로 90점, 30% 확률로 80점, 60% 확률로 70점이 된다고 합시다. 이때 점수 × 확률은

- 90점의 경우: 90점 × 0.1 = 9점
- 80점의 경우: 80점 × 0.3 = 24점
- 70점의 경우: 70점 × 0.6 = 42점

이 되기 때문에 점수의 기댓값은 9 + 24 + 42 = 75점입니다.

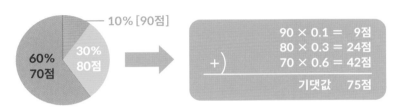

연습 문제 8.4

영우는 확률 2%로 1등 1만 원, 확률 8%로 2등 3000원, 확률 90%로 3등은 0원을 받을 수 있는 복권을 샀습니다. 받을 수 있는 금액의 기댓값은 얼마일까요?

답 (점수) × (확률)은 1등일 때, (　　) × (　　) = (　　)원
　　　2등일 때, (　　) × (　　) = (　　)원
　　　3등일 때, (　　) × (　　) = (　　)원
　　　기댓값은 이것을 모두 더한 (　　)원

8.7 ▶ 확률과 기댓값의 예(1): 위험도 분석

지금까지 확률과 기댓값에 관해서 설명했지만, 이번에 배운 지식은 실제로 언제 도움이 될까요? 첫 번째 예제는 위험도 분석입니다.

지운이는 A 대학과 B 대학 두 곳을 응시하려고 생각하고 있습니다. 만약 A 대학 불합격 확률이 40%, B 대학 불합격 확률이 20%일 때 둘 다 불합격해서 재수할 위험은 얼마나 될까요? (단, A 대학의 시험 결과는 B 대학의 시험에 영향을 미치지 않는다고 합시다.)

만약 8.4절에서 배운 확률의 곱의 법칙을 알고 있다면 둘 다 떨어질 확률이 0.4 × 0.2 = 0.08(8%)밖에 되지 않는다는 것을 알 수 있습니다. 안심하고 시험에 임할 수 있겠네요.

8.8 ▶ 확률과 기댓값의 예(2): 손익 분석

두 번째 예제는 신규 사업의 손익 분석입니다. 회사 사장인 고운이는 어떤 신제품을 만들려고 생각하고 있습니다. 신제품을 만들기 위해 필요한 비용은 인건비를 포함해서 1000만 원이 소요되며 결과로는 다음과 같은 세 가지를 생각할 수 있습니다.[2]

결과	개요	수익
대성공	제품이 완성되어 많이 팔렸다	9000만 원
성공	제품이 완성되어 어느 정도 팔렸다	2000만 원
실패	제품이 완성되지 않았다	0원

---

[2] 실제로 제품을 만들 때는 세 가지 이외의 결과(예: 대성공과 성공 사이)도 있지만 이번에는 간단하게 하기 위해 세 가지 결과만을 생각하도록 하겠습니다.

고운이는 대성공할 확률이 10%, 성공할 확률이 40%, 실패할 확률이 50%라고 예상합니다. 이때 회사는 신제품을 만들어야 할까요?

만약 기댓값을 계산하는 방법을 알고 있다면 제품을 만들었을 때 얻을 수 있는 수익의 기댓값이 1700만 원인 것을 알 수 있습니다. 이것은 인건비 등의 1000만 원을 웃돌고 있기 때문에 신제품의 개발에 착수해야 한다고 말할 수 있습니다.[3]

chapter 08의 정리

▶ 확률은 사건이 얼마나 쉽게 일어날 수 있는지를 나타내는 값
▶ N가지 중에서 M가지가 당첨될 때의 당첨 확률은 $M \div N$
▶ 확률 a와 확률 b가 동시에 일어날 확률은 $a \times b$
▶ 기댓값은 평균적으로 어느 정도의 점수를 얻을 수 있는가를 나타내는 값
▶ 기댓값은 [점수] × [확률]의 합

---

[3] 물론 회사에 충분한 자금이 있고 실패가 허용된다는 전제는 필요합니다.

확률에 관한 흔한 오해

8.3절에서는 N가지 중에서 M가지가 당첨될 때의 당첨 확률은 $M \div N$이다라는 공식을 설명했지만, 이것에 대해 다음과 같이 생각하는 사람이 있습니다.

대학에 합격할 확률은 50%이다. 왜냐하면 합격과 불합격의 두 가지 경우가 있으며, 그중에서 하나가 합격이기 때문이다.

하지만 이것은 큰 착각입니다. 실제 합격 확률은 수험생의 실력이나 대학 수준에 크게 의존합니다. 확률이 10%일 수도 있고 90%일 수도 있습니다.

그렇다면 왜 이런 오해가 생기는 걸까요? 8.3절 후반부에 설명했듯이 N가지의 패턴이 모두 같은 확률로 일어나는 것이 아닌 경우에는 $M \div N$이라는 식을 사용할 수 없는데, 이 조건을 간과하는 사람들이 많기 때문입니다.

여러분 중에는 수학 공식을 통째로 암기해서 그것을 마구잡이로 실제 문제에 적용하는 사람도 있을 것입니다. 하지만 공식을 사용하기 전에 한번 멈춰서 정말 이 공식을 사용해도 되는지 생각해 보는 것도 중요합니다.

chapter 09 데이터 분석을 위한 통계

키, 매출, 시험 점수 등 세상에는 많은 데이터가 있습니다. 그렇다면 이런 데이터의 특징을 파악하려면 어떻게 해야 할까요? 사실은 통계라는 도구가 해결책이 됩니다. 이 장에서는 통계의 기초로 히스토그램, 평균, 표준편차 3가지를 설명합니다.

9.1 ▶ 데이터를 분석해 보자

자, 문제를 풀어 봅시다. 아래 데이터는 한 가상의 학급 50명의 수학 시험 점수입니다. 이 데이터에는 어떤 특징이 있을까요? 예를 들어서 어느 점수대에 사람이 많을까요?

53	88	50	51	72	63	62	55	67	54
32	67	45	83	64	42	48	53	74	76
65	79	57	53	69	49	54	66	60	56
51	64	73	72	57	47	39	21	53	61
61	67	53	58	78	65	57	50	90	76

아마 여러분의 대부분은 나열된 숫자들을 바라보고 있어도 잘 모를 겁니다. 하지만 어떤 편리한 방법을 사용하면 데이터의 대략적인 특징을 쉽게 알아낼 수 있습니다.

 9.1

어떤 방법을 사용하면 데이터의 특징을 쉽게 알아낼 수 있을까요? 상상해 보세요.

답 (   )

9.2 ▶ 데이터 전체를 파악하는 히스토그램

먼저 데이터의 특징을 가장 쉽게 알 수 있는 방법인 **히스토그램**을 소개합니다. 히스토그램은 점수대별 인원수를 막대그래프로 나타낸 것이며 아래와 같이 그립니다.

먼저 점수를 적당한 간격으로 구분한 표를 작성합니다. 표의 항목의 수는 5~10개 정도가 적당합니다.[1]

점수	20-29	30-39	40-49	50-59	60-69	70-79	80-89	90-99
인원	?	?	?	?	?	?	?	?

다음으로 각 점수대에 몇 명이 있는지를 세서 표에 적습니다. 예를 들어서 20점대의 학생은 1명이므로 표의 20~29칸에는 1이라고 적습니다.

점수	20-29	30-39	40-49	50-59	60-69	70-79	80-89	90-99
인원	1	2	5	17	14	8	2	1

마지막으로 이 표를 막대그래프로 만들면 히스토그램이 완성됩니다.
(막대와 막대 사이에 간격이 없음을 주의하세요.)

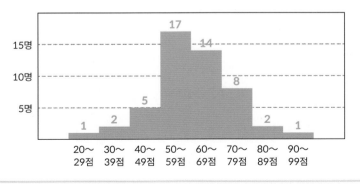

---

[1] 표의 범위가 20~99점만 있는(예를 들어 0점이나 100점이 없음) 이유는 모든 학생의 점수가 20~99점 범위에 들어가 있기 때문입니다.

이런 히스토그램을 작성하면 '50~60점대 학생이 많다', 하지만 '30점대나 80점대인 학생도 어느 정도 있다'와 같은 데이터의 대략적인 특징을 한눈에 파악할 수 있습니다.

연습 문제 **9.2**

아래는 가상의 육상부원 15명의 5000미터 달리기 타임입니다. 이 데이터의 히스토그램을 작성하세요. 단, 타임은 12분대/13분대/14분대/15분대/16분대의 5개로 나누세요.

15분 23초	15분 40초	14분 18초	16분 32초	16분 12초
13분 55초	15분 18초	16분 39초	13분 22초	15분 57초
14분 46초	15분 03초	12분 56초	14분 35초	15분 43초

답

먼저 각 타임의 인원수를 표로 만들면 다음과 같다.

시간	12분대	13분대	14분대	15분대	16분대
인원	( )명	( )명	( )명	( )명	( )명

따라서 히스토그램은 다음과 같다.

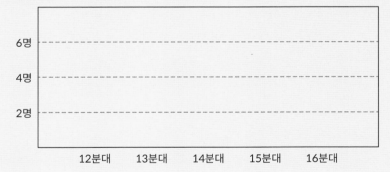

9.3 ▶ 히스토그램의 문제점

앞에서는 히스토그램을 설명했지만 히스토그램은 **데이터를 자세하게 파악할 수 없다**는 단점이 있습니다.

그러면 데이터를 좀 더 세밀하게 수치상으로 보려면 어떻게 해야 할까요? 다음 절부터는 데이터를 수치상으로 볼 때의 두 가지 중요한 지표로 평균과 표준편차를 소개합니다.

9.4 ▶ 데이터를 하나로 종합한 평균값

평균값은 데이터의 총합을 데이터의 개수로 나눈 값입니다. 예를 들어서 20, 60, 70이라는 데이터의 평균값은 (20 + 60 + 70) ÷ 3 = 50입니다.

또, 9.1절의 수학 시험 점수의 평균값은 (53 + 88 + ⋯ + 76) ÷ 50 = 60점입니다.

5, 35, 50, 65, 95의 평균값을 계산하세요.

> 🖹 합이 (   ), 데이터의 개수가 (   )이므로
> 평균값은 (   ) ÷ (   ) = (   )

또 평균값에 어떠한 의미가 있는지 의문을 가지시는 분은 **평균값은 데이터를 하나로 종합한 값이다**라고 생각하면 좋을 것입니다.

예를 들면 20, 60, 70이라는 3개의 데이터가 눈앞에 있다고 합시다. 만약 이 것을 억지로 하나의 숫자로 종합하라고 하면 당신이라면 어떻게 하시겠습니까? 30은 너무 작고 70은 너무 크지만, 중간쯤의 50이라는 값으로 종합하면 많은 사람이 자연스럽게 느낄 것입니다. 이것이 평균값의 개념입니다.[※2]

※2 평균값과 비슷한 지표로 중앙값이라는 것도 있습니다. 이것은 이번 장 마지막 칼럼에서 소개합니다.

9.5 ▶ 데이터 편차의 중요성

앞에서 소개한 평균값은 매우 편리하지만, 데이터를 분석할 때는 평균값뿐만 아니라 **데이터의 편차**를 조사하는 것도 중요합니다.

예를 들어서 5명의 학생의 국어 시험 점수가 각각 35, 45, 50, 55, 65점이라고 합시다. 또, 같은 학생들의 영어 시험 점수가 각각 5, 35, 50, 65, 95점이라고 합시다.

이때 평균값은 둘 다 50점이기 때문에 만약 평균값만 조사하면 '시험 난이도는 비슷하다'라는 것밖에 알 수 없습니다.

하지만 점수의 편차를 살펴보면 **국어보다 영어가 차이가 크게 나는 것 아닐까**와 같은 새로운 정보를 알 수 있습니다. 이렇게 데이터 분석에서 편차를 조사하는 것은 중요합니다.

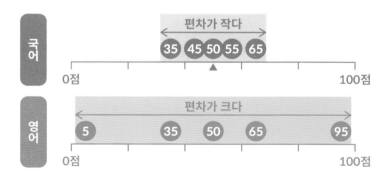

9.6 ▶ 편차의 지표, 표준편차

그러면 데이터의 편차를 수치화하려면 어떻게 해야 할까요? 먼저 가장 자연스러운 지표인 **평균편차**를 소개합니다.

평균편차는 **평균값과의 차이인 편차를 평균한 것입니다.** 예를 들어서 앞의 영어 시험의 경우는 어떨까요? 평균 점수는 50점이므로 각 학생의 평균값과의 차이는 아래와 같습니다.

- 5점인 사람: 50 − 5 = **45점**
- 35점인 사람: 50 − 35 = **15점**
- 50점인 사람: 50 − 50 = **0점**
- 65점인 사람: 65 − 50 = **15점**
- 95점인 사람: 95 − 50 = **45점**

이 값들의 평균을 계산하면 (45 + 15 + 0 + 15 + 45) ÷ 5 = 24점이므로 **평균편차는 24점**이 됩니다. 직관적인 지표입니다.

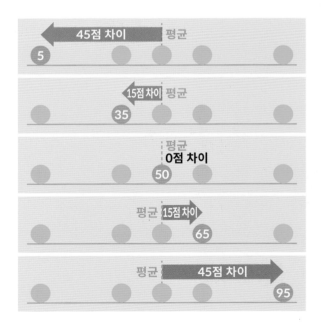

그러나 실제로 자주 사용되는 것은 **표준편차**입니다.[3] 표준편차는 다음과 같이 계산할 수 있습니다. (계산 방법을 한마디로 하면, **편차의 제곱들의 평균값을 계산하고 마지막으로 이 평균값의 제곱근을 계산합니다.**)

Step 1

먼저 각 데이터의 평균값과의 차이를 계산합니다. 여기까지는 평균편차와 같습니다.

	점수	편차	편차의 제곱
학생A	5	45	?
학생B	35	15	?
학생C	50	0	?
학생D	65	15	?
학생E	95	45	?

평균을 계산하면 [?]

제곱근을 계산하면 [?]

Step 2

다음으로 Step 1에서 계산한 편차를 제곱합니다. 예를 들어서 학생 A의 경우에 편차의 제곱은 45 × 45 = 2025입니다.

	점수	편차	편차의 제곱
학생A	5	45	2025
학생B	35	15	225
학생C	50	0	0
학생D	65	15	225
학생E	95	45	2025

평균을 계산하면 [?]

제곱근을 계산하면 [?]

다음페이지에 계속

---

[3] 표준편차가 더 많이 사용되는 이유는 대학 수준의 내용으로 어렵기 때문에 이 책에서는 다루지 않습니다.

Step 3

마지막으로 Step 2에서 계산한 편차의 제곱들을 평균하고 제곱근을 계산한 값이 표준편차가 됩니다.[4]

예를 들어서 아래 그림의 예에서는 편차의 제곱의 평균이 (2025＋225＋0＋225＋2025)÷5＝900이므로 표준편차는 루트 900점, 즉 30점입니다.

	점수	편차	편차의 제곱
학생A	5	45	2025
학생B	35	15	225
학생C	50	0	0
학생D	65	15	225
학생E	95	45	2025

평균을 계산하면 900
표준편차는 30

표준편차를 계산하는 방법은 이해하셨나요? 조금 어려운 내용이니 연습 문제로 익숙해지도록 합시다.

연습 문제 9.4

고운이는 편의점에서 4개들이 달걀을 샀더니 무게가 각각 50, 62, 62, 66그램이었습니다. 무게의 평균은 60그램입니다. 표준편차는 몇 그램일까요? 괄호 안을 채워 주세요.

답

	점수	편차	편차의 제곱
달걀A	50	( )	( )
달걀B	62	( )	( )
달걀C	62	( )	( )
달걀D	66	( )	( )

평균을 계산하면 ( )
표준편차는 ( )

※4 루트는 2.6절을 참고하세요.

9.7 ▶ 표준편차로 알 수 있는 것

지금까지 설명한 표준편차를 사용하면 데이터 편차의 크기뿐만 아니라 **어떤 특정 데이터가 특수한지 아닌지**도 알 수 있습니다.

구체적으로는 만약 평균값과의 차이가 표준편차의 크기와 비슷하다면 그 데이터는 일반적이라고 할 수 있습니다. (표준편차는 편차의 평균이므로, 데이터가 표준편차의 크기 정도 어긋나는 것은 일반적입니다.)

하지만, 만약 평균과의 차이가 표준편차의 두 배 이상이라면 이 데이터는 상당히 특수하다고 할 수 있습니다. (데이터의 종류에 따라 다르지만, 이런 데이터는 일반적으로 전체의 5% 정도밖에 되지 않습니다.)

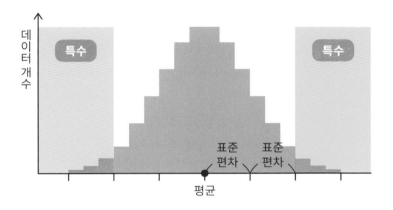

예를 들어서 당신이 수학 시험에서 80점을 받았습니다. 평균 점수가 60점이라면 당신의 점수가 평균보다 높은 것은 틀림없지만 조금 높은 것일까요? 아니면 특수할 정도로 높은 것일까요?

만약 표준편차가 18점이라면 당신의 점수는 표준편차의 1.1배 정도밖에 차이가 나지 않기 때문에 약간 점수가 높은 정도라고 할 수 있습니다.

하지만 표준편차가 7점이라면 어떨까요? 당신의 점수(80점)는 표준편차의 3배 정도 차이가 나기 때문에 굉장히 높은 점수라고 할 수 있습니다. 만약 그렇다면 '나는 천재구나'라고 자신감을 가져도 좋습니다.

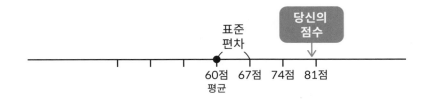

연습 문제 **9.5**

2022 국민건강통계에 따르면 20대 남성의 혈압 평균값은 117.9, 표준편차는 0.75로 나타났습니다.[5] 이때 20대 남성의 혈압 120은 어떻게 생각해야 할까요?
(빈칸에는 소수점 첫 번째 단위까지 적어 주세요)

답 답: 평균값과의 차이는 (　　　)이며, 이것은 표준편차(　　) ÷ (　　) = (　　)배에 해당한다. 따라서 혈압 120은 (흔히 있는 혈압이다 · 특이하게 높은 혈압이다)라고 생각해야 한다.

chapter 09의 정리

▶ 평균은 (데이터의 총합) ÷ (데이터의 개수)
▶ 표준편차는 데이터들이 차이 나는 상태
▶ 표준편차는 편차의 제곱들의 평균의 제곱근으로 계산할 수 있다.
▶ 표준편차를 사용하면 어떤 데이터가 특수한지 아닌지도 알 수 있다.

※5 https://knhanes.kdca.go.kr/knhanes/sub04/sub04_04_01.do에서 '2022 국민건강통계'를 내려받아 풀면, 13. 고혈압.xlsx의 '1.수축기혈압분포' 시트에서 확인 가능합니다.

편찻값에 대하여

입시 업계에서 자주 사용되는 통계적 키워드로 편찻값이 있습니다. 대학 입시를 경험해 보신 분들은 편찻값이라는 말을 어디선가 들어 보셨을 겁니다. 하지만 편찻값이 어떻게 계산되고 있는지 알고 계시나요?

편찻값 계산 방법

먼저 평균의 편찻값을 50으로 둡니다. 그리고 평균 점수보다 표준편차 1배만큼 높으면 편찻값을 60, 표준편차보다 2배 높으면 편찻값을 70, 표준편차보다 3배 높으면 편찻값을 80…으로 둡니다.

한편, 평균보다 표준편차 1배만큼 낮으면 편찻값을 40, 표준편차보다 2배 낮으면 편찻값을 30, 표준편차보다 3배 낮으면 편찻값을 20…으로 둡니다. 이것이 편찻값 계산 방법입니다.

예를 들어서 평균 60점, 표준편차 8점인 시험에서 80점을 받았을 때의 편찻값은 75입니다. 왜냐하면 80점이라는 점수는 평균보다 표준편차 2.5배만큼 높기 때문입니다.

마지막으로 9.7절에서 표준편차의 2배 정도 떨어져 있으면 특수하다고 했는데, 이것은 편찻값 30이나 70에 해당합니다. 그러므로 만약 시험에서 편찻값 70이 나온다면 상당한 자신감을 가져도 좋습니다.

평균값과 중앙값

9.4절에서는 데이터를 하나로 종합한 값인 평균값을 소개했습니다. 그러나 평균값은 극단적인 데이터에 영향을 받기 쉽다는 문제점이 있습니다.

예를 들어서 월수입 5000만 원, 600만 원, 400만 원, 300만 원, 200만 원인 사람들이 있는 경우에 평균값은 (5000 + 600 + 300 + 200) ÷ 5 = 1300만 원이 되어 2등인 사람의 배 이상이 되어 버립니다. 그래서 평균값을 대신하는 지표로 중앙값이 사용되는 경우가 있습니다.[6]

중앙값이란

중앙값은 데이터를 크기 순서대로 정렬했을 때 딱 중앙에 위치하는 값을 말합니다. 예를 들어서 데이터가 5개 있을 때는 왼쪽에서 세 번째가 중앙값이 됩니다. (아래 그림의 중앙값은 400입니다.)

다만 데이터의 개수가 짝수일 때는 가운데가 두 개가 되기 때문에 이 두 개를 평균한 값이 중앙값이 됩니다. (아래 그림의 중앙값은 350입니다.)

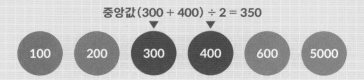

---

[6] 물론 중앙값에도 단점이 있습니다. 예를 들어서 6명이 시험을 보고 100, 100, 100, 99, 50, 40점이었을 때 99점 받은 사람은 어떻게 생각해도 시험을 잘 본 쪽인데 중앙값인 99.5점을 참고하면 시험을 못 본 쪽으로 오해를 받게 됩니다. 그렇기 때문에 평균값과 중앙값을 함께 잘 사용하는 것이 중요합니다.

데이터 분석을 좀 더 깊게 해 보자

9장에서는 통계의 기초인 평균과 표준편차를 배웠습니다. 하지만 이것만으로 모든 데이터를 분석할 수 있는 것은 아닙니다. 그래서 이 장에서는 좀 더 심화 내용으로 두 종류의 데이터 관계의 세기를 측정하는 상관계수를 설명합니다.

10.1 ▶ 관계의 세기를 측정하려면

먼저 문제를 풀어 봅시다. 아래 표는 학생 8명의 일주일간의 공부 시간과 기말고사 점수입니다. 자, 공부 시간과 기말고사 점수에는 얼마나 강한 관계가 있을까요?

	학생 A	학생 B	학생 C	학생 D	학생 E	학생 F	학생 G	학생 H
공부 시간	10	12	2	7	21	19	11	6
점수	80	50	50	40	90	80	60	30

관계의 세기를 조사하는 가장 간단한 방법은 아래와 같은 **산포도**(데이터가 있는 장소에 점을 찍은 그림)를 그리는 것입니다. 산포도 그리는 방법은 이어서 설명합니다.

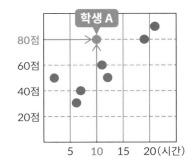

Step 1

먼저 가로축이 공부 시간, 세로축이 점수인 그래프를 그립니다.

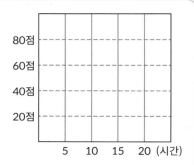

Step 2

이 그래프에 학생 A의 데이터를 표시합니다. 학생 A는 10시간 공부해서 80점을 받았으므로 그곳에 점을 찍습니다.

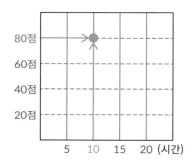

Step 3

마지막으로 다른 학생들의 데이터를 표시하면 산포도가 완성됩니다.

공부 시간이 길수록 받은 점수가 높기 때문에 **공부 시간과 점수에는 어느 정도 관계가 있을 것 같다**라는 것을 알 수 있습니다.

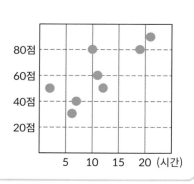

그러나 산포도에는 단점도 있습니다. 산포도를 그리는 것만으로는 대략적인 관계의 세기밖에 알 수 없다는 점입니다. 그렇다면 관계의 세기를 수치화하는 방법은 있을까요? 바로 다음 절에서 소개할 상관계수가 해답입니다.

10.2 ▶ 상관계수

상관계수를 배우기 전에 먼저 두 종류의 상관관계를 이해합시다. 첫 번째는 **양의 상관관계**입니다. 양의 상관관계란 '공부 시간이 증가할수록 시험 점수도 높다'와 같이 한쪽의 값이 올라가면 다른 쪽의 값도 올라가는 관계를 말합니다.

두 번째는 **음의 상관관계**입니다. 음의 상관관계란 '공부 시간이 늘어날수록 시험 점수가 낮아진다'와 같이 한쪽의 값이 올라갈수록 다른 쪽의 값이 내려오는 관계를 말합니다(아래 그림을 참고하세요).

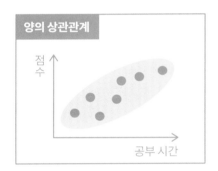
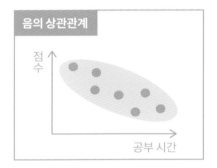

그래서 **상관계수**는 두 종류의 데이터 관계의 세기를 −1 이상 +1 이하의 값으로 나타낸 것입니다.

상관계수가 +1에 가까울수록 양의 상관관계가 강하며 −1에 가까울수록 음의 상관관계가 강합니다. 그리고 상관계수가 −0.3 ~ +0.3 사이일 경우에 두 종류의 데이터 사이에는 상관관계가 거의 없습니다.

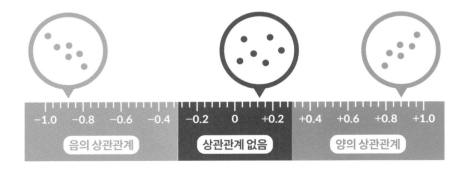

10.3 ▶ 상관계수 계산 방법

그럼, 상관계수를 계산하는 방법을 설명합니다. (설명은 10.1절 기말고사와 공부 시간 예제를 사용합니다.)

먼저 각 데이터의 평균과 표준편차를 계산합니다.
주간 공부 시간은 평균 11, 표준편차 6입니다.
시험 점수는 평균 60, 표준편차 20입니다.

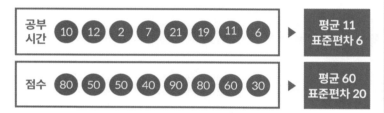

다음으로 아래 두 가지 값을 계산합니다.

- 주간 공부 시간 — 평균
- 시험 점수 — 평균

예를 들어서 학생 A의 공부 시간 — 평균은 마이너스 1시간이며, 점수 — 평균은 플러스 20점입니다.

	공부 시간	점수	공부 시간 — 평균	점수 — 평균	곱셈
학생 A	10	80	−1	+20	?
학생 B	12	50	+1	−10	?
학생 C	2	50	−9	−10	?
학생 D	7	40	−4	−20	?
학생 E	21	90	+10	+30	?
학생 F	19	80	+8	+20	?
학생 G	11	60	0	0	?
학생 H	6	30	−5	−30	?

Step
3

다음으로 각 학생에 대해 Step 2에서 계산한 2개의 값을 서로 곱합니다. 예를 들어서 학생 A의 경우는 (−1) × 20 = (−20)이 됩니다.

	공부 시간	점수	공부 시간 − 평균	점수 − 평균	곱셈
학생 A	10	80	−1	+20	−20
학생 B	12	50	+1	−10	−10
학생 C	2	50	−9	−10	90
학생 D	7	40	−4	−20	80
학생 E	21	90	+10	+30	300
학생 F	19	80	+8	+20	160
학생 G	11	60	0	0	0
학생 H	6	30	−5	−30	150

Step
4

Step 3에서 계산한 값들의 평균을 계산합니다.

[(−20) + (−10) + 90 + ⋯ + 150] ÷ 8 = 93.75입니다.

Step
5

마지막으로 Step 4에서 계산한 값을 (공부 시간의 표준편차×점수의 표준편차)로 나눈 값이 상관계수가 됩니다.

93.75 ÷ (6 × 20) = 0.781⋯이므로 공부 시간과 점수의 상관계수는 약 0.78입니다.

이렇게 상관계수를 계산하면 공부 시간과 시험점수 사이에는 **상당히 강한 양의 상관관계가 있음**을 알 수 있습니다.

다음은 환자 5명의 최고 혈압과 최저 혈압 데이터입니다. 최고 혈압과 최저 혈압의 상관계수를 계산하세요.

	환자 A	환자 B	환자 C	환자 D	환자 E
최고혈압	140	160	170	180	200
최저혈압	100	110	80	120	140

어려우면 아래 힌트를 참고해서 풀어 보세요.

- 최고혈압의 평균값은 170, 표준편차는 20
- 최저혈압의 평균값은 110, 표준편차는 20

답

먼저 각 환자의 최고혈압−평균, 최저혈압−평균 및 이 둘의 곱셈을 계산하면 다음과 같다(10.3절의 Step 2, Step 3에 해당하는 부분).

	최고혈압	최저혈압	최고혈압 −평균	최저혈압 −평균	곱셈
환자 A	140	100	( )	( )	( )
환자 B	160	110	( )	( )	( )
환자 C	170	80	( )	( )	( )
환자 D	180	120	( )	( )	( )
환자 E	200	140	( )	( )	( )

다음으로 곱셈한 값을 평균하면 (   )이 된다.

마지막으로, 이것을 [최고혈압의 표준편차 20] × [최저혈압의 표준편차 20] = 400으로 나누면, 상관계수(   )를 얻을 수 있다. 따라서 최고혈압과 최저혈압에는 (양의 상관관계가 있다 · 상관관계가 없다 · 음의 상관관계가 있다)라고 생각할 수 있다.[1]

---

[1] 엄밀하게는 데이터 수가 5개로 적은 경우에 상관계수만으로 상관관계 여부를 판단하는 것은 다소 위험합니다. 하지만, 문제 10.1에서는 신경 쓰지 않고 풀어도 됩니다.

10.4 ▶ 상관계수에 관한 주의점

마지막으로 상관계수에 관한 주의점을 하나 들어 보겠습니다. **만약 강한 상관관계가 있다고 해도 반드시 인과관계가 있다고는 할 수 없습니다.**

예를 들어서 아이스크림 매출과 일본 오사카의 강수량에 대해 생각해 봅시다. 아래 그림과 같이 두 종류의 데이터에는 상당한 양의 상관관계가 있습니다 (데이터는 2022년[※2], 아이스크림 매출은 가구당).

	아이스크림	강수량
1·2월	1085엔	93.5mm
3·4월	1412엔	220.5mm
5·6월	2084엔	181.0mm
7·8월	3067엔	247.5mm
9·10월	1887엔	273.0mm
11·12월	1323엔	99.5mm

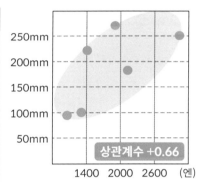

그런데 아이스크림이 팔리는 것 때문에 강수량이 늘어나는 것도 아니고 강수량이 늘어나서 아이스크림이 팔리는 것도 아닙니다. 실제로는 두 종류의 데이터 사이에는 계절이라는 요인이 있습니다(이렇게 중간에 끼는 요인을 **교란 인자**라고 합니다).

그래서 상관계수를 다룰 때는 상관관계와 인과관계를 혼동하지 않는 것이 매우 중요합니다.

[※2] 아이스크림 매출은 https://www.icecream.or.jp/iceworld/data/expenditures.html, 오사카의 강수량은 https://www.jma.go.jp/jma/index.html 참조(2023/4/12 현재)

연습 문제 10.2

아래 세 가지는 모두 양의 상관관계가 있습니다. 인과관계가 있는 경우, 괄호 안에 동그라미를 표시해 주세요. 인과관계가 없다면 괄호 안에 교란 인자를 적어 주세요.

- [   ] 기온과 냉방 에어컨 사용 시간
- [   ] 강수량과 우산을 쓴 사람의 비율
- [   ] 직장인 연봉과 혈압

chapter 10의 정리

상관계수는 두 종류의 데이터 관계의 세기를 −1 이상 +1 이하의 수치로 나타낸 것이다. 예를 들어서 공부 시간과 점수 간의 상관계수는 아래와 같은 방법으로 계산할 수 있다.

1. 공부 시간, 점수의 평균과 표준편차를 계산한다.
2. 각 학생의 (공부 시간−평균)과 (점수−평균)을 계산한다.
3. 2에서 계산한 값들을 서로 곱해서 평균을 계산한다.
4. 마지막으로 (공부 시간의 표준편차×점수의 표준편차)로 나눈다.

또, 두 종류의 데이터 사이에 상관관계가 있다고 해서 반드시 인과관계가 있다고는 할 수 없다.

문제 1

트럼프 카드에 적힌 숫자는 1부터 13까지의 13가지가 있으며 그림은 스페이드, 클로버, 하트, 다이아몬드의 4가지가 있습니다. 트럼프 카드는 전부 몇 가지가 있을까요? (이 문제에서 조커는 생각하지 않기로 합니다.) 사용한 공식에 동그라미를 치고 괄호 안을 채워 주세요.

(곱의 법칙, 순열 공식, 조합 공식)에서
(   ) × (   ) = (   )가지

문제 2

어떤 주식에 투자를 하면 확률 70%로 2만 원 이득을 보고 확률 30%로 1만 원 손해를 봅니다(즉, −1만 원 이득을 봅니다). 기댓값으로는 몇 원 이득입니까?

(   ) × (   ) + (   ) × (   ) = (   )원

문제 3

4명의 육상부원이 1500m를 달렸을 때 각각 235초, 245초, 245초, 275초였습니다. 시간 평균은 250초일 때, 표준편차는 몇 초일까요? 아래 표를 사용해서 풀어 보세요.

	시간	편차	편차의 제곱
육상부원 A	235	( )	( )
육상부원 B	245	( )	( )
육상부원 C	245	( )	( )
육상부원 D	275	( )	( )

평균을 계산하면 (   )

표준편차는 (   )

사고력을 높이는 퍼즐

휴식의 목적

지금까지 함수와 경우의 수, 확률, 통계를 설명했으며, 이제 잠깐 휴식으로
퍼즐을 풀어 보도록 합니다.

이 책의 전반부에서는 고등학교 수학의 다양한 주제를 소개했습니다. 그래서 조금 피곤해지신 분들도 많을 수 있습니다. 이 장에서는 휴식으로 사고력을 높이는 퍼즐 문제를 제공합니다. 음료라도 마시면서 풀어 보세요.

이 장의 구성

이 장은 5개의 퍼즐 문제로 구성됩니다. 난이도순으로 출제되어 있기 때문에 후반부 문제는 어려울 수 있지만 재미있게 풀어 보세요.

또, 이 장에서는 다음 그림과 같이, 오른쪽 페이지에 문제, 다음 페이지 왼쪽에 해답이 실려 있습니다. 페이지를 넘기지 않으면 해답이 보이지 않게 되어 있으므로 때문에 안심하시기 바랍니다. 또한 각 문제의 문제 페이지의 아랫부분에는 옅은 글자로 힌트가 쓰여 있습니다.

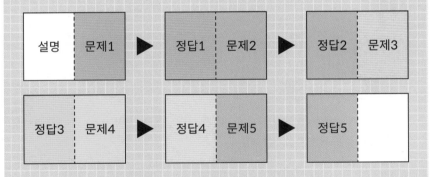

지운이는 다음과 같은 경로로 출퇴근하고 있습니다. 가장 늦게 나오면서도 7시 30분까지 회사에 도착하려면 몇 시에 집에서 출발해야 할까요?

집	A역	B역	회사
	도보 15분	지하철	도보 12분

단, 지하철 시간표는 다음과 같습니다.

A역	6:00	6:26	6:42	6:49	6:55	7:00	7:06
	↓	↓	↓	↓	↓	↓	↓
B역	6:25	6:51	7:07	7:14	7:20	7:25	7:31

답 ✏️

_____ 시 _____ 분

※힌트: 도착 지점부터 거꾸로 생각합시다.

이 문제를 푸는 포인트는 출발하는 집에서가 아니라 도착 지점인 회사부터 생각하는 것입니다.

먼저 B 역에서 회사까지는 도보 12분 거리에 있고 회사에 7시 30분까지 도착하려면 7시 18분에 B 역에 도착해야 합니다.

다음으로 B 역에 7시 18분까지 도착하려면 A 역에서 6시 49분에 출발하는 지하철을 타야 합니다.

마지막으로, 집에서 A 역까지는 도보 15분 거리에 있으므로 A 역에 6시 49분까지 도착하려면 집에서 6시 34분에 출발해야 합니다.

어떤 석판에 아래와 같은 문자열이 적혀 있었습니다. 이 중에 A라는 글자는
몇 개 있습니까?

AAAAA AAAAA AAAAA AAAAA AAAAA
AAAAA AAAAA AABAA AAAAA AAAAA
AAAAA AABAA AAAAA AAAAA AAAAA
AAAAA AAAAA AAAAA AAAAA AABAA
AAAAA AAAAA AAAAA AAAAA AAAAA
AAAAA AAAAA AAAAA AAAAA AAAAA
AAAAA AAAAA AAAAA AAAAA AAAAA
AAAAA AAAAA AAAAA AAAAA AABAA

답 🖎

_____ 개

※힌트: B의 개수에 주목합시다

이 문제를 푸는 포인트는 A의 개수가 아니라 개수가 적은 B의 개수를 세는 것입니다.

Step 1

먼저 석판 속에 있는 B의 개수를 셉니다. 다음과 같이 전부 4개가 있습니다.

```
AAAAA AAAAA AAAAA AAAAA AAAAA
AAAAA AAAAA AABAA AAAAA AAAAA
AAAAA AABAA AAAAA AAAAA AAAAA
AAAAA AAAAA AAAAA AAAAA AABAA
AAAAA AAAAA AAAAA AAAAA AAAAA
AAAAA AAAAA AAAAA AAAAA AAAAA
AAAAA AAAAA AAAAA AAAAA AAAAA
AAAAA AAAAA AAAAA AAAAA AABAA
```

Step 2

다음으로 석판 전체의 글자 수를 셉니다. 세로 8행, 가로 25자이기 때문에 총 8 × 25 = 200자입니다. 따라서 A의 개수는 200 − 4 = 196개입니다.

```
↑ AAAAA AAAAA AAAAA AAAAA AAAAA
  AAAAA AAAAA AABAA AAAAA AAAAA
  AAAAA AABAA AAAAA AAAAA AAAAA
  AAAAA AAAAA AAAAA AAAAA AABAA
세로 8행  AAAAA AAAAA AAAAA AAAAA AAAAA
  AAAAA AAAAA AAAAA AAAAA AAAAA
  AAAAA AAAAA AAAAA AAAAA AAAAA
↓ AAAAA AAAAA AAAAA AAAAA AABAA
←⎯⎯⎯⎯⎯⎯⎯⎯⎯⎯⎯⎯⎯⎯⎯⎯⎯→
        가로 25자
```

어떤 상점에는 1개에 600원인 귤, 1개에 800원인 사과, 1개에 900원인 멜론을 팔고 있습니다.

당신은 딱 2900원어치만 사고 싶습니다. 귤, 사과, 멜론을 각각 몇 개 사면 될까요?

600원

800원

900원

귤 _____ 개

사과 _____ 개

멜론 _____ 개

힌트: 합계 금액은 2900원이므로, 멜론의 개수는 0, 1, 2, 3개 중 하나입니다.

귤 2개, 사과 1개, 멜론 1개

이 문제를 푸는 방법은 여러 가지가 있지만 가장 편한 것은 멜론의 개수를 먼저 조사하는 것입니다.

Step 1

먼저 총금액은 2900원이므로 1개 900원짜리 멜론은 많아야 3개밖에 살 수 없습니다. (멜론을 4개 사려면 3600원이 필요합니다.)

3600원

Step 2

다음으로 멜론이 0, 1, 2, 3개일 때의 귤과 사과에서 사용해야 할 잔액을 계산하면 아래 표와 같습니다.

멜론	0개	1개	2개	3개
잔액	2900원	2000원	1100원	200원

Step 3

여기서 멜론 3개는 말이 안 됩니다. 왜냐하면 귤과 사과를 200원어치 살 수 없기 때문입니다.

또, 멜론 0개나 2개도 말이 안 됩니다. 왜냐하면 귤과 사과의 가격은 둘 다 200의 배수이기 때문에 1100원이나 2900원어치 살 수 없으니까요. 이것으로 멜론의 개수는 1개로 좁혀졌습니다.

Step 3

마지막으로 귤과 사과로만 나머지 2000원어치 사려면 어떻게 해야 할까요? 조금만 생각하면 귤 2개, 사과 하나면 딱 2000원을 사용할 수 있다는 것을 알 수 있습니다.

아래 그림과 같이 이웃한 두 개의 수의 합을 위에 적어가는 퍼즐을 덧셈 피라미드라고 합니다.

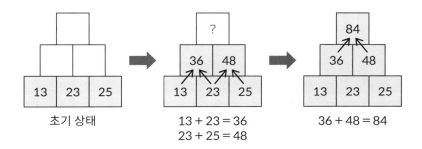

초기 상태   13 + 23 = 36   36 + 48 = 84
                 23 + 25 = 48

아래와 같은 초기 상태의 덧셈 피라미드를 풀었더니 맨 위의 수가 300이 되었습니다. ○에 해당하는 수는 얼마일까요?

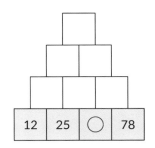

답 🖊

※힌트: 위에서 3단째의 수는 왼쪽부터 차례로 37, ○ + 25, ○ + 78이 됩니다.
그러면 위에서 2단/1단은 어떻게 될까요? ○의 식으로 나타내보세요.

이 문제를 푸는 포인트는 윗단의 수를 ○를 포함하는 식으로 나타내는 것입니다.

 Step 1

먼저 위에서부터 3단째에 쓰이는 수는 아래 그림과 같습니다. 예를 들어서 맨 오른쪽
은 ○와 78이 더해지기 때문에 ○+78이 됩니다.

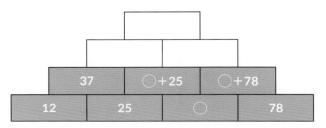

 Step 2

그다음 위에서부터 2단째에 쓰이는 수는 아래 그림과 같습니다. 예를 들면 맨 오른쪽
은 ○+25와 ○+78이 더해지므로 2×○+103이 됩니다.

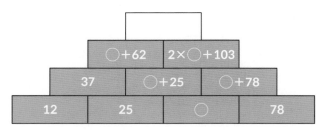

 Step 3

마지막으로 맨 위에 쓰이는 수는 ○ + 62와 2 × ○ + 103을 더하기 때문에
3 × ○ + 165가 됩니다. 이것이 300이 되면 되기 때문에 ○에 해당하는 수는 45입
니다.[1]

---

[1] 3 × ○ + 165가 300이 되는, ○가 45임을 계산하는 방법도 소개합니다. 먼저 3 × ○는 300 − 165 = 135입니
다. 그래서 ○는 135를 3으로 나눈 수인 45가 됩니다.

아래 도형에서 검은색으로 칠해져 있는 부분의 면적은 몇 cm²인가요? 단, 1눈금은 1cm입니다.

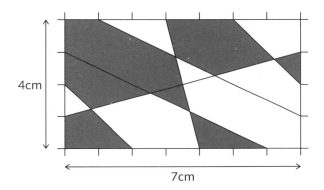

답 ✏️

_____ cm²

※힌트: 회전하면 같아지는 도형에 주목하세요

이 문제를 푸는 포인트는 회전하면 똑같아지는 도형의 쌍에 주목하는 것입니다.

Step 1

먼저 각 도형에 대해 아래와 같이 1~7까지 번호를 붙입니다.

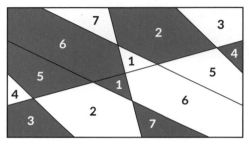

Step 2

여기서 같은 번호가 붙은 도형은 회전하면 똑같아지므로 흰색의 면적과 검은색의 면적은 동일합니다. 그리고 흰색과 검은색을 합친 면적은 4 × 7 = 28cm²이기 때문에 검은색 면적은 그 절반인 14cm²입니다.

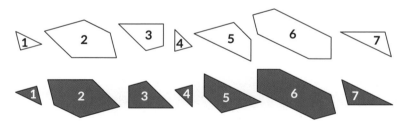

part
4

미적분

4부의 목적

이제부터 후반부에 돌입합니다. 4부에서는 고등학교 수학에서 가장 어려운 미분과 적분을 설명합니다.

미분과 적분은 이 책에서 가장 어려운 주제이기 때문에 이해할 수 있을지 불안해하는 분도 많을 것입니다. 하지만 2부와 3부를 다 읽은 여러분이라면 그렇게 높은 장벽은 아닐 것입니다. 그러면 미분과 적분의 세계로 들어갑시다.

변화의 속도를 보는 미분

이 장에서는 미분의 정의를 설명한 후에 이차함수를 미분하는 방법을 소개합니다. 이제 미분과 적분을 배워봅시다.

11.1 ▶ 변화의 속도를 보는 미분

미분이란 **어떤 순간에서 변화의 속도를 계산하는 것**입니다. 예를 들어서 어느 여름 더운 날의 기온을 생각해 봅시다.

만약 기온이 아래 그래프[※1]와 같이 변화했을 때 오전 8시 시점에서는 시간당 몇 °C의 속도로 기온이 증가하고 있을까요?

7시 기온은 약 28.6°C, 9시 기온은 약 29.8°C이며, 2시간 동안 약 1.2°C 상승하고 있습니다. 따라서 정답은 대략 1.2 ÷ 2 = **시간당 0.6°C**이며 이런 변화의 속도를 계산하는 것을 **미분**이라고 합니다.

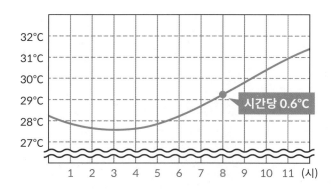

[※1] 이것은 실제 기온 데이터가 아니라 필자가 만든 가공의 그래프입니다.

또, KTX의 위치가 아래의 그래프와 같이 변화할 때, 출발 후 4분 시점에서는 분당 몇 km의 속도로 진행하고 있을까요?

출발 후 3분 시점에서의 위치는 약 4.5km, 출발 후 5분 시점에서의 위치는 약 12.5km이며 2분 동안 약 8km 이동했습니다. 따라서 답은 대략 8 ÷ 2 = 분당 4km이며 이것을 계산하는 것도 미분입니다.

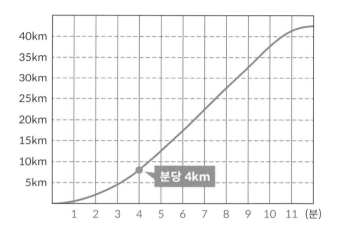

여기서 시간당 0.6℃, 분당 4km와 같이 변화의 속도를 수학 용어로 **미분계수** 라고 합니다. 11.2절 이후에서도 이 용어가 나오기 때문에 꼭 기억해 두세요.

 11.1

KTX의 예에서 출발 후 11분 시점에서는 분당 약 몇 km의 속도로 이동하고 있을까요? 단, 출발 후 10분 시점에서의 위치는 37.5km, 출발 후 12분 시점에서의 위치는 42.5km입니다.

답 2분에 (   )km 이동했기 때문에
답은 분당 약 (   )km

11.2 ▶ 미분에 관한 주의점

앞 절에서는 다양한 미분의 사례를 소개했지만, 수학 세계에서는 일반적으로 **미분은 함수에 대해 이루어집니다.**[※2]

예를 들어서 함수 $y = x^2$의 $x = 1$에서의 미분계수를 계산하는 것이 수학 세계에서의 미분입니다.

하지만 이것은 KTX의 x분 후의 위치가 x^2[km]일 때, 출발 1분 후 시점에서 분당 몇 km의 속도로 이동하고 있는가와 똑같기 때문에 걱정할 것은 아무것도 없습니다.

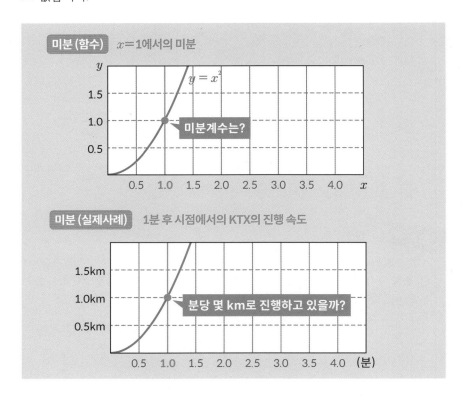

[※2] 왜 함수의 미분을 계산하는지 궁금하신 분들은 세상의 여러 가지 것들이 함수로 나타나기 때문이라고 생각하시면 됩니다. 예를 들어서 KTX가 가속할 때의 현재 위치는 대체로 이차함수로 나타납니다.

11.3 ▶ 함수를 미분해 보자(1)

그러면 이제 준비가 되었으니 실제로 함수를 미분해 보겠습니다. 함수 $y = x^2$의 $x = 1$에서의 미분계수는 얼마일까요?

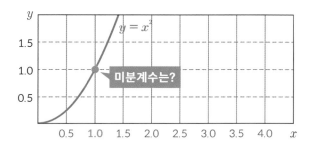

미분계수를 계산하는 가장 간단한 방법은 11.1절에서 설명한 예와 같이 **주변을 조사하는 것**입니다. 예를 들어서 이번에는 $x = 1$에서의 미분계수를 계산하고 싶기 때문에 $x = 0.9$와 $x = 1.1$일 때를 조사해 봅시다. 그러면 다음과 같습니다.

- **$x = 0.9$일 때**: y의 값은 $0.9 \times 0.9 = 0.81$
- **$x = 1.1$일 때**: y의 값은 $1.1 \times 1.1 = 1.21$

x의 값이 0.2 증가했을 때 y의 값이 0.4 증가했기 때문에 **미분계수는 대략 0.4 ÷ 0.2 = 2**인 것을 알 수 있습니다.

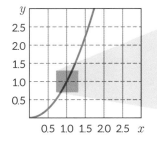
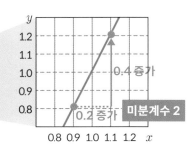

11.4 ▶ 함수를 미분해 보자(2)

또 다른 예로 함수 $y = 1 \div x$의 $x = 2$에서의 미분계수는 얼마일까요? (그래프는 아래와 같습니다.)

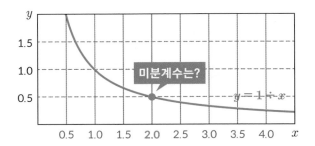

이번에는 $x = 2$에서의 미분계수를 계산하고 싶기 때문에 주변의 $x = 1.9$와 $x = 2.1$을 살펴보겠습니다. 그러면 다음과 같습니다.

- **$x = 1.9$일 때**: y의 값은 $1 \div 1.9 = 0.5263 \cdots$
- **$x = 2.1$일 때**: y의 값은 $1 \div 2.1 = 0.4761 \cdots$

x의 값이 0.2 증가했을 때 y의 값이 약 0.0502 줄어들고 있기 때문에 **미분계수는 약 $-0.0502 \div 0.2 = -0.251$인 것**을 알 수 있습니다. (함수의 값이 줄어들고 있을 때의 미분계수는 마이너스가 되는 것에 주의하세요.[3])

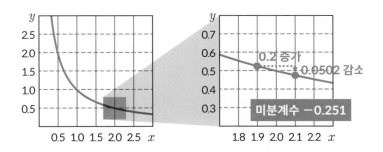

---

[3] 마이너스가 되는 이유를 모르시는 분들은 11.1절의 예에서 만약 기온이 감소하면 시간당 몇 °C의 속도로 기온이 증가했는가라는 대답이 마이너스가 되는 것을 생각해 보세요.

함수 $y = x^3$의 $x = 1$에서의 미분계수는 얼마일까요?

답 $x = 0.9$일 때, y의 값은 $0.9 \times 0.9 \times 0.9 = ($ $)$
$x = 1.1$일 때, y의 값은 $1.1 \times 1.1 \times 1.1 = ($ $)$
x가 0.2 증가했을 때 y는 (   ) 증가했기 때문에
미분계수는 약 (   ) $\div$ (   ) = (   )

11.5 ▶ 미분계수를 정확하게 계산하려면

지금까지는 주변을 조사하는 방법을 사용해서 미분계수를 계산했습니다. 그러나 이 방법으로는 **대략적인 미분계수밖에 모른다**는 문제가 있습니다.

예를 들어서 11.4절의 예에서는 미분계수 계산 결과가 -0.251이었지만, 진짜 미분계수는 -0.25이기 때문에 조금 틀립니다.

그러면 정확한 미분계수를 계산하는 방법은 없을까요? 물론 모든 함수에 대해 정확하게 계산하기는 어렵지만, 사실 이차함수는 다음 절에서 소개하는 '미분 공식'이 해결책이 됩니다.

11.6 ▶ 미분 공식

여기서는 함수 $y = x^2 - 3x + 3$의 $x = 2$에서의 미분계수를 구하는 경우를 예로 미분 공식을 설명합니다.

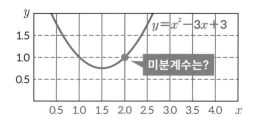

Step 1 x^2, x의 계수와 상수에 각각 2, 1, 0 을 곱합니다.

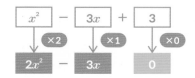

Step 2 이 x의 차수를 1씩 줄입니다. 다시 말해서 x^2을 x로 바꾸고 x를 상수로 바꿉니다.[4]

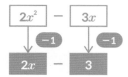

Step 3 Step 2 식에 미분하고 싶은 값을 대입했을 때의 수가 미분계수입니다. 예를 들어서 $x = 2$로 미분하고 싶은 경우는 식에 $x = 2$를 대입했을 때의 수가 미분계수입니다

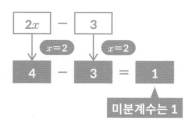

---

[4] x^2의 차수를 x로 바꾸는 이유는 x가 x^1과 같기 때문입니다. 또 조금 어렵지만 x를 상수로 바꾸는 이유는 상수가 x^0과 같기 때문입니다.

미분 공식은 이해하셨나요? (이 책에서는 계산 방법만 알면 문제없습니다.)

덧붙여 미분 공식은 이차함수뿐만 아니라, 삼차함수나 지수함수, 로그함수의 버전도 있습니다. 이들 중 삼차함수는 이 장의 마지막 칼럼에서 소개하니 관심이 있으시면 꼭 보시길 바랍니다.

연습 문제 11.3

함수 $y = x^2$의 $x = 3$에서의 미분계수를 11.6절의 미분 공식을 사용해서 계산하세요.

답 Step 1을 실행하면 식은 (　　　)x^2이 된다.
Step 2를 실행하면 식은 (　　　)x가 된다.
이 식에 $x = 3$을 대입하면 (　　　)이 된다.
따라서 미분계수는 (　　　)

chapter 11의 정리

미분이란 어떤 순간에서의 변화의 속도(미분계수)를 구하는 것이다. 또, 이차함수의 미분계수는 다음 미분 공식으로 계산할 수 있다.

1. x^2, x의 계수와 상수에 2, 1, 0을 곱한다
2. x의 차수를 1씩 줄인다
3. 이 식의 x에 미분하고 싶은 값을 대입한다

삼차함수의 미분 공식

미분 공식은 사실 이차함수뿐만 아니라 삼차함수[※5] 버전도 있습니다. 예를 들어서 함수 $y = x^3 - 2x^2 - 3x + 4$의 $x = 3$에서의 미분계수를 계산해 봅시다.

Step 1

먼저 x^3, x^2, x의 계수와 상수에 각각 3, 2, 1, 0을 곱합니다. (아래 그림을 참고 하세요.)

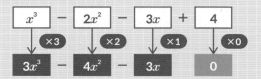

Step 2

다음으로 x의 차수를 1씩 줄입니다. 즉, x^3을 x^2으로, x^2을 x로, x를 상수로 바꿉니다.

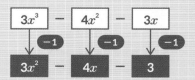

Step 3

Step 2 식에 $x = 3$을 대입합니다. 그러면 12가 되기 때문에 미분계수는 12 입니다.

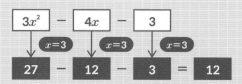

※5 삼차함수는 4장 칼럼을 참고하세요.

또한 이런 방법으로 사차함수 이상에서도 사용할 수 있습니다. 예를 들어서 사차함수의 경우는

1. x^4, x^3, x^2, x의 계수와 상수에 4, 3, 2, 1, 0을 곱한다

2. x의 차수를 1씩 줄인다

3. 2에서 얻은 식에 미분하고 싶은 값을 대입한다

이런 방법으로 계산할 수 있습니다.

Step1	Step2	Step3
계수에 곱하기를 한다	차수를 1씩 줄인다	미분하고 싶은 값을 대입한다

누적값을 보는 적분

이 장에서는 적분을 설명한 후에 적분을 계산하는 방법, 그리고 미분과 적분의 관계를 알아봅니다. 분량이 조금 많지만, 여기가 이 책의 제일 고비이기 때문에 힘내 봅시다.

12.1 ▶ 누적값을 보는 적분

적분이란 **누적값을 계산하는 것**입니다. 예를 들어서 강수량을 생각해 봅시다. 만약 강수 강도가 아래 그래프[※1]와 같이 변화할 때 3시부터 10시까지의 누적 강수량은 몇 mm일까요?

답은 $2 + 5 + 3 + 4 + 2 + 1 + 2 = $ **19mm**이며, 이런 누적값을 계산하는 것을 **적분**이라고 합니다.

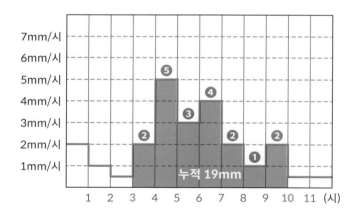

※1 이것은 실제 강수량 데이터가 아니라 필자가 만든 가공의 그래프입니다.

또 KTX의 이동속도가 아래 그래프와 같이 변화했을 때, 출발 후 4분까지는 누적 몇 km 이동했을까요? 평균 속도는 분당 2km[※2]이기 때문에 정답은 $2 \times 4 = 8$km이며 이것을 계산하는 것도 적분입니다.

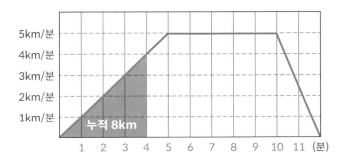

또한 자동차의 이동속도가 아래 그래프와 같이 변화했을 때 4초부터 10초까지 누적 몇 미터 이동했을까요? 답은 $2 + 2 + 2 + 2 + (-1) + (-1) = $ **6미터**이며 이것을 계산하는 것도 적분입니다.

여기서 속도가 마이너스인 부분에서는 차가 뒤로 움직이고 있지만, '진행한 거리가 $2 + 2 + 2 + 1 + 1 = 10$미터이다'라는 대답은 틀린 것이니 주의하세요.

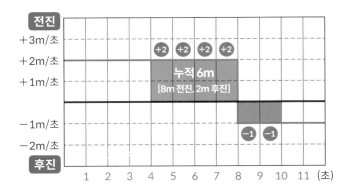

※2 평균 속도가 분당 2km인 직감적인 이유는 출발 직후 0분 시점에서의 속도가 분당 0km, 출발 후 4분 시점에서의 속도가 매분 4km이기 때문에 더해서 2로 나누면 분당 2km가 되기 때문입니다.

12.2 ▶ 적분에 관한 주의점

앞에서는 다양한 적분의 예를 설명했지만, 수학 세계에서 일반적으로 **적분은 함수에 대해 이루어집니다.**

예를 들어서 함수 $y = x$의 2에서 4까지의 적분은 얼마인가 등을 계산하는 것이 수학 세계에서의 적분입니다.

그러나 이것은 x시일 때의 강수 강도가 x[mm/시]일 때, 2시부터 4시까지 누적 강수량은 몇 mm인가와 동일하기 때문에 어려워하지 않아도 됩니다.

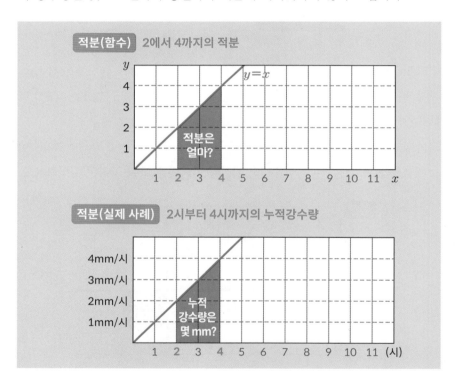

12.3 ▶ 적분을 계산해 보자(1)

이제 준비가 되었으니, 함수의 적분을 계산해 봅시다. 먼저 함수 $y = x$의 0부터 4까지의 적분은 얼마일까요?

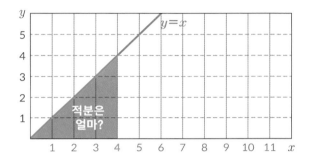

정답은 **면적을 생각**하면 간단히 계산할 수 있습니다. 아래 그림의 파란색 부분은 밑변의 길이가 4, 높이가 4인 삼각형이며, 이 면적은 $4 \times 4 \div 2 = 8$ 이기 때문에 적분의 답은 8입니다.

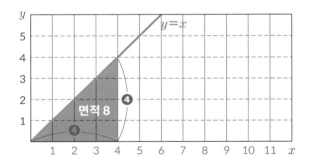

연습 문제 **12.1**

위의 예에 대해서 0에서 3까지의 적분은 얼마입니까?

답 밑변 (　　　), 높이 (　　　)의 삼각형이므로

답은 (　　) × (　　) ÷ (　　) = (　　)

12.4 ▶ 적분을 계산해 보자(2)

또 다른 예로 함수 $y = -0.5x + 3$에서 2부터 8까지의 적분은 얼마인가를 계산해 봅시다. (그래프는 아래와 같습니다.)

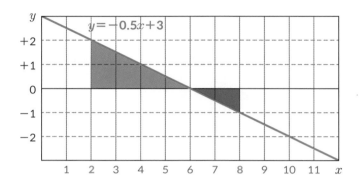

각 색의 면적을 계산하면 다음과 같습니다.

- 파란색: 밑변 4, 높이 2의 삼각형이므로 $4 \times 2 \div 2 = 4$[※3]
- 녹색: 밑변 2, 높이 1의 삼각형이므로 $2 \times 1 \div 2 = 1$[※3]

따라서 답은 $4 - 1 = 3$입니다. (12.1절의 마지막 예에서 설명했듯이 y가 마이너스인 부분의 면적은 빼야 하므로 답은 $4 + 1 = 5$가 아님에 주의하세요.)

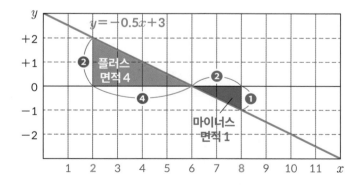

[※3] 삼각형의 면적은 밑변 × 높이 ÷ 2입니다.

연습 문제 12.2

함수 $y = x - 2$의 1부터 4까지의 적분은 얼마입니까? 아래 그래프를 사용해서 풀어 보세요.

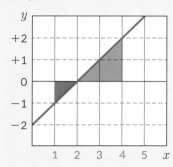

답 플러스 부분의 면적은 (   )
마이너스 부분의 면적은 (   )
따라서 답은 (   )

12.5 ▶ 좀 더 복잡한 적분을 계산하려면

지금까지는 도형의 면적을 구하는 방법으로 적분을 계산했습니다. 그러나 이 방법으로는 **복잡한 함수의 적분을 할 수 없다**는 문제가 있습니다. 예를 들어서 함수 $y = -0.3x^2 + 2x + 2$의 그래프는 아래와 같지만, 이 함수의 2부터 6까지의 적분을 도형적으로 구하는 것은 어렵습니다.

그래서 다음 절에서는 이런 이차함수의 적분을 계산하는 적분 공식을 소개합니다.

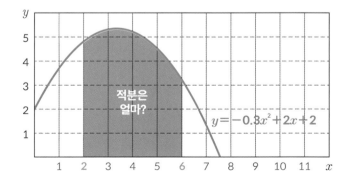

12.6 ▶ 적분 공식

여기서는 함수 $y = -0.3x^2 + 2x + 2$의 2부터 6까지의 적분을 구하는 경우를 예로 들어서 적분 공식을 설명합니다.

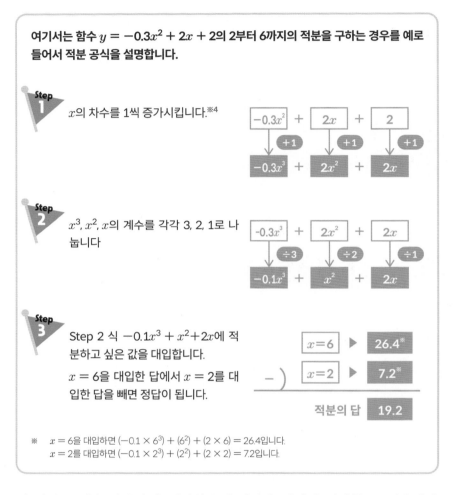

Step 1
x의 차수를 1씩 증가시킵니다.[4]

$-0.3x^2$ + $2x$ + 2
+1 / +1 / +1
$-0.3x^3$ + $2x^2$ + $2x$

Step 2
x^3, x^2, x의 계수를 각각 3, 2, 1로 나눕니다

$-0.3x^3$ + $2x^2$ + $2x$
÷3 / ÷2 / ÷1
$-0.1x^3$ + x^2 + $2x$

Step 3
Step 2 식 $-0.1x^3 + x^2 + 2x$에 적분하고 싶은 값을 대입합니다.
$x = 6$을 대입한 답에서 $x = 2$를 대입한 답을 빼면 정답이 됩니다.

$x=6$ ▶ 26.4[※]
$x=2$ ▶ 7.2[※]
─)
적분의 답 19.2

※ $x = 6$을 대입하면 $(-0.1 \times 6^3) + (6^2) + (2 \times 6) = 26.4$입니다.
    $x = 2$를 대입하면 $(-0.1 \times 2^3) + (2^2) + (2 \times 2) = 7.2$입니다.

이 적분 공식을 사용하면, 이차함수의 적분을 간단히 계산할 수 있습니다. 또, 삼차함수나 사차함수의 적분도 이런 방법으로 계산할 수 있습니다.

---

[4] 미분 공식(11.6절)과 마찬가지로 x는 x^1, 상수는 x^0에 해당합니다. 이것이 x가 x^2으로 바뀌고 상수가 x로 바뀌는 이유입니다.

함수 $y = -0.6x^2 + 3x$의 1부터 5까지의 적분을 12.6절의 적분 공식을 사용해서 계산하세요.

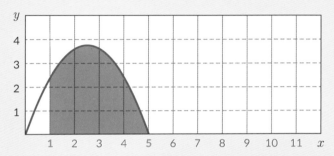

답 Step 1을 실행하면 식은 ( )$x^3 +$ ( )x^2이 된다.

Step 2를 실행하면 식은 ( )$x^3 +$ ( )x^2이 된다.

이 식에 $x = 5$를 대입하면 ( )가 된다.

이 식에 $x = 1$을 대입하면 ( )가 된다.

따라서 적분의 답은 ( ) − ( ) = ( )

조금만 더 힘내자!

12.7 ▶ 미분과 적분은 정반대다

마지막으로 4부 전체를 돌아 보도록 하겠습니다. 11장에서는 변화의 속도를 보는 미분, 12장에서는 누적값을 보는 적분을 설명했습니다.

그렇다면 이 두 가지는 어떤 관계가 있을까요? 사실 **미분과 적분은 정반대**입니다.

예를 들어서 KTX의 위치와 속도와의 관계를 생각해 봅시다. 먼저 KTX의 현재 위치를 미분하면 KTX의 속도가 됩니다(→ 11.1절).

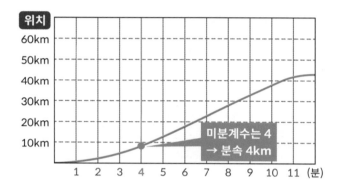

한편, KTX의 속도를 0분부터 x분까지의 범위에서 적분하면 x분 시점에서의 KTX의 현재 위치가 됩니다(→ 12.1절).

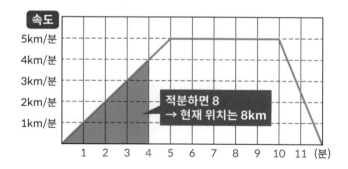

이렇게 미분은 **위치 → 속도**, 적분은 **속도 → 위치**가 되고 미분과 적분은 정반대임을 알 수 있습니다.

또한 미분과 적분이 정반대라는 사실을 수학 용어로는 **미적분학의 기본 정리**라고 합니다.

column

심화: 적분을 쓰는 법

수학 세계에서는 적분 기호 $\int$ 를 사용해서 적분을 쓰는 경우가 있습니다. 예를 들어서 다음은 함수 $y = x^2$의 1에서 3까지의 적분값이라는 의미입니다.

$$3까지\ {}_{1부터}\int_{①}^{③} \underset{x^2을\ 적분한다}{x^2\ dx}$$

문제 1

자동차의 주행거리는 자동차 속도의 미분일까요? 아니면 적분일까요? 올바른 것에 동그라미를 치세요.

(미분 · 적분)

문제 2

함수 $y = x^2 - 8x$의 $x = 4$에서의 미분계수를 11.6절의 미분 공식을 사용해서 계산하세요. (괄호 안에 들어갈 숫자를 채워 넣으세요.)

Step 1을 실행하면 식은 (　　　)$x^2 - $ (　　　)x가 된다.
Step 2를 실행하면 식은 (　　　)$x - $ (　　　)가 된다.
이 식에 $x = 4$를 대입하면 (　　　)가 된다.
따라서 미분계수는 (　　　)이다.

문제 3

함수 $y = 0.3x^2 - 0.6x + 2$의 1부터 4까지의 적분을 12.6절의 적분 공식을 사용해서 계산하세요. (괄호 안에 들어갈 숫자를 채워 넣으세요.)

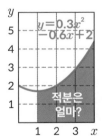

Step 1을 실행하면 (　　　)$x^3 - $ (　　　)$x^2 + $ (　　　)x가 된다.
Step 2를 실행하면 (　　　)$x^3 - $ (　　　)$x^2 + $ (　　　)x가 된다.
이 식에 $x = 1$을 대입하면 (　　　)가 된다.
이 식에 $x = 4$를 대입하면 (　　　)가 된다.
따라서 적분의 답은 (　　　)이다.

part

5

그 외의 주제

5부의 목적

2부부터 4부까지 함수, 경우의 수, 확률, 통계, 미분, 적분이라는 주제를 다루었습니다. 이것으로 고등학교 기초 수학의 70% 이상이 끝났습니다.

그러면 나머지 30%는 어떤 것일까요? 5부에서는 정수의 성질, 수열, 삼각함수를 설명합니다.

정수(1): 유클리드 호제법

여러분은 481과 777의 최대공약수를 1분 안에 계산할 수 있나요? 이 장에서는 최대공약수와 최소공배수를 쉽게 계산할 수 있는 유클리드 호제법에 대해 설명합니다.

13.1 ▶ 최대공약수 복습

먼저 초등학교 산수지만 최대공약수가 무엇인지를 복습합시다.

최대공약수는 공통된 약수 중에 가장 큰 수[※1]를 말합니다. 예를 들어서 12와 18의 최대공약수는 6입니다. 왜냐하면,

- 12의 약수는 1, 2, 3, 4, 6, 12
- 18의 약수는 1, 2, 3, 6, 9, 18

이며, 두 수의 공통된 약수 중에 최댓값은 6이기 때문입니다.

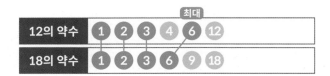

연습 문제 **13.1**

10의 약수는 1, 2, 5, 10이며 12의 약수는 1, 2, 3, 4, 6, 12입니다. 10과 12의 최대공약수는 얼마일까요?

답 ( )

[※1] 약수는 그 수를 나눌 수 있는 수를 말합니다. 예를 들어서 10의 약수는 1, 2, 5, 10입니다.

13.2 ▶ 최대공약수를 빠르게 계산하는 법

최대공약수를 계산하는 가장 간단한 방법은 약수를 나열하는 것입니다. 예를 들어서 120과 154의 최대공약수를 계산해 보겠습니다.

아래와 같이 약수가 아닌 수를 지우면 양쪽에 남아 있는 공통된 약수 중에 최댓값이 2이기 때문에 최대공약수가 2라는 것을 알 수 있습니다. 하지만 이 방법을 사용하면 시간이 오래 걸립니다.

120의 약수

1 2 3 4 5 6 ~~7~~ 8 ~~9~~ 10 ~~11~~ 12 ~~13~~ ~~14~~ 15
~~16~~ ~~17~~ ~~18~~ ~~19~~ 20 ~~21~~ ~~22~~ ~~23~~ 24 ~~25~~ ~~26~~ ~~27~~ ~~28~~ ~~29~~ 30
~~31~~ ~~32~~ ~~33~~ ~~34~~ ~~35~~ ~~36~~ ~~37~~ ~~38~~ ~~39~~ 40 ~~41~~ ~~42~~ ~~43~~ ~~44~~ ~~45~~
~~46~~ ~~47~~ ~~48~~ ~~49~~ ~~50~~ ~~51~~ ~~52~~ ~~53~~ ~~54~~ ~~55~~ ~~56~~ ~~57~~ ~~58~~ ~~59~~ 60
~~61~~ ~~62~~ ~~63~~ ~~64~~ ~~65~~ ~~66~~ ~~67~~ ~~68~~ ~~69~~ ~~70~~ ~~71~~ ~~72~~ ~~73~~ ~~74~~ ~~75~~
~~76~~ ~~77~~ ~~78~~ ~~79~~ ~~80~~ ~~81~~ ~~82~~ ~~83~~ ~~84~~ ~~85~~ ~~86~~ ~~87~~ ~~88~~ ~~89~~ ~~90~~
~~91~~ ~~92~~ ~~93~~ ~~94~~ ~~95~~ ~~96~~ ~~97~~ ~~98~~ ~~99~~ ~~100~~ ~~101~~ ~~102~~ ~~103~~ ~~104~~ ~~105~~
~~106~~ ~~107~~ ~~108~~ ~~109~~ ~~110~~ ~~111~~ ~~112~~ ~~113~~ ~~114~~ ~~115~~ ~~116~~ ~~117~~ ~~118~~ ~~119~~ 120

154의 약수

1 2 ~~3~~ ~~4~~ ~~5~~ ~~6~~ 7 ~~8~~ ~~9~~ ~~10~~ 11 ~~12~~ ~~13~~ 14 ~~15~~
~~16~~ ~~17~~ ~~18~~ ~~19~~ ~~20~~ ~~21~~ 22 ~~23~~ ~~24~~ ~~25~~ ~~26~~ ~~27~~ ~~28~~ ~~29~~ ~~30~~
~~31~~ ~~32~~ ~~33~~ ~~34~~ ~~35~~ ~~36~~ ~~37~~ ~~38~~ ~~39~~ ~~40~~ ~~41~~ ~~42~~ ~~43~~ ~~44~~ ~~45~~
~~46~~ ~~47~~ ~~48~~ ~~49~~ ~~50~~ ~~51~~ ~~52~~ ~~53~~ ~~54~~ ~~55~~ ~~56~~ ~~57~~ ~~58~~ ~~59~~ ~~60~~
~~61~~ ~~62~~ ~~63~~ ~~64~~ ~~65~~ ~~66~~ ~~67~~ ~~68~~ ~~69~~ ~~70~~ ~~71~~ ~~72~~ ~~73~~ ~~74~~ ~~75~~
~~76~~ 77 ~~78~~ ~~79~~ ~~80~~ ~~81~~ ~~82~~ ~~83~~ ~~84~~ ~~85~~ ~~86~~ ~~87~~ ~~88~~ ~~89~~ ~~90~~
~~91~~ ~~92~~ ~~93~~ ~~94~~ ~~95~~ ~~96~~ ~~97~~ ~~98~~ ~~99~~ ~~100~~ ~~101~~ ~~102~~ ~~103~~ ~~104~~ ~~105~~
~~106~~ ~~107~~ ~~108~~ ~~109~~ ~~110~~ ~~111~~ ~~112~~ ~~113~~ ~~114~~ ~~115~~ ~~116~~ ~~117~~ ~~118~~ ~~119~~ ~~120~~
~~121~~ ~~122~~ ~~123~~ ~~124~~ ~~125~~ ~~126~~ ~~127~~ ~~128~~ ~~129~~ ~~130~~ ~~131~~ ~~132~~ ~~133~~ ~~134~~ ~~135~~
~~136~~ ~~137~~ ~~138~~ ~~139~~ ~~140~~ ~~141~~ ~~142~~ ~~143~~ ~~144~~ ~~145~~ ~~146~~ ~~147~~ ~~148~~ ~~149~~ ~~150~~
~~151~~ ~~152~~ ~~153~~ 154

13.3 ▶ 유클리드 호제법

그래서 **유클리드 호제법**을 사용하면 최대공약수를 간단히 계산할 수 있습니다.

- 0이 될 때까지 나머지를 이용해서 계속 나눈다(아래 그림 참고).
- 마지막으로 나눈 수가 최대공약수다.

예를 들어서 120과 154의 최대공약수를 유클리드 호제법으로 계산하면 아래 그림과 같으며 마지막으로 나눈 수인 2가 최대공약수가 됩니다.

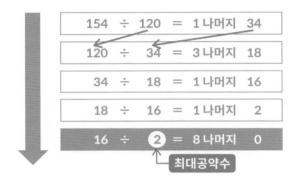

또한 481과 777의 최대공약수를 유클리드 호제법으로 계산하면 아래 그림과 같으며, 마지막으로 나눈 수인 37이 최대공약수가 됩니다.

```
777 ÷ 481 = 1 나머지 296
481 ÷ 296 = 1 나머지 185
296 ÷ 185 = 1 나머지 111
185 ÷ 111 = 1 나머지  74
111 ÷  74 = 1 나머지  37
 74 ÷  37 = 2 나머지   0
```
최대공약수

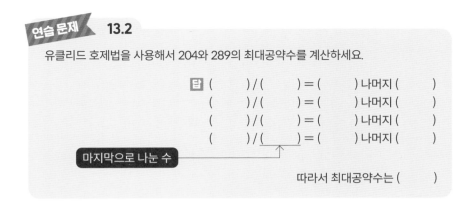

유클리드 호제법을 사용해서 204와 289의 최대공약수를 계산하세요.

답 (　　　) / (　　　) = (　　　) 나머지 (　　)
(　　　) / (　　　) = (　　　) 나머지 (　　)
(　　　) / (　　　) = (　　　) 나머지 (　　)
(　　　) / (_____) = (　　　) 나머지 (　　)

마지막으로 나눈 수

따라서 최대공약수는 (　　　)

13.4 ▶ 최소공배수 복습

이번에는 최소공배수를 복습해 보겠습니다. **최소공배수**는 공통이 되는 배수의 최솟값[※2]을 말합니다. 예를 들어서 6과 9의 최소공배수는 18입니다. 왜냐하면

- 6의 배수는 6, 12, 18, 24, 30, 36, …
- 9의 배수는 9, 18, 27, 36, 45, 54, …

이며, 두 수의 공통된 배수의 최솟값은 18이기 때문입니다.

12의 배수는 12, 24, 36, 48, 60, 72, 84, 96, …이고 16의 배수는 16, 32, 48, 64, 80, 96, …입니다. 12와 16의 최소공배수는 얼마일까요?

답 (　　　)

[※2] 배수는 그 수에 정수를 곱한 수를 말합니다. 예를 들어서 10의 배수는 10, 20, 30, 40, …입니다.

13.5 ▶ 최소공배수를 빠르게 계산하는 법

최소공배수를 계산하는 가장 간단한 방법은 배수를 나열하는 것입니다. 예를 들어서 120과 154의 최소공배수를 계산해 봅시다.

아래와 같이 배수를 나열하면 처음 공통으로 나타나는 수가 9240이기 때문에 최소공배수가 9240이라고 알 수 있습니다. 하지만 이 방법을 사용하면 100개 이상의 수를 적어야 답을 알 수 있습니다.

120의 배수

120	240	360	480	600	720	840	960	1080	1200
1320	1440	1560	1680	1800	1920	2040	2160	2280	2400
2520	2640	2760	2880	3000	3120	3240	3360	3480	3600
3720	3840	3960	4080	4200	4320	4440	4560	4680	4800
4920	5040	5160	5280	5400	5520	5640	5760	5880	6000
6120	6240	6360	6480	6600	6720	6840	6960	7080	7200
7320	7440	7560	7680	7800	7920	8040	8160	8280	8400
8520	8640	8760	8880	9000	9120	9240			

154의 배수

154	308	462	616	770	924	1078	1232	1386	1540
1694	1848	2002	2156	2310	2464	2618	2772	2926	3080
3234	3388	3542	3696	3850	4004	4158	4312	4466	4620
4774	4928	5082	5236	5390	5544	5698	5852	6006	6160
6314	6468	6622	6776	6930	7084	7238	7392	7546	7700
7854	8008	8162	8316	8470	8624	8778	8932	9086	9240

그래서 아래의 성질을 이용하면 큰 수끼리의 최소공배수를 빠르게 계산할 수 있습니다.

- **(첫 번째 수) × (두 번째 수) ÷ (최대공약수)가 최소공배수다**

예를 들어서 120과 154의 최소공배수는 얼마일까요? 최대공약수는 2이므로 (→ 13.3절), 최소공배수는 120 × 154 ÷ 2 = 9240이 됩니다.

120	×	154	÷	2	=	9240
첫 번째 수		두 번째 수		최대공약수		최소공배수

연습 문제 **13.4**

62와 38의 최대공약수는 2입니다. 최소공배수는 몇인가요?

답 (   ) × (   ) ÷ (   ) = (   )

chapter 13의 정리

▶ 최대공약수는 유클리드 호제법으로 쉽게 계산할 수 있다

▶ 최소공배수는 (첫 번째 수) × (두 번째 수) ÷ (최대공약수)로 쉽게 계산할 수 있다

정수(2): 10진법과 2진법

이 장에서는 컴퓨터나 IT 분야에서도 자주 사용하는 2진법을 설명합니다.
여러분들은 평소에 0부터 9까지의 숫자를 사용해서 수를 나타내는 10진법을 사용
하고 있는데, 2진법은 어떤 것일까요?

14.1 ▶ 10진법이란

먼저 10진법의 구조부터 확인해 봅시다. **10진법은 0부터 9까지의 10가지 숫자
를 사용해서 수를 나타내는 방법**이며, 9에서 더하려고 하면 받아올림이 일어납
니다(예: 19 + 1 = 20).

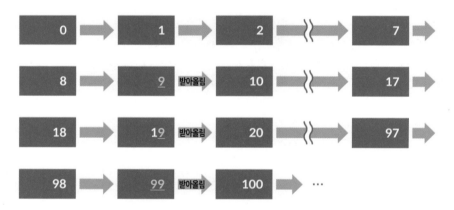

 **14.1**

10진법에서 10<u>99</u>에 1을 더하면 얼마가 될까요?

📋 밑줄 부분에서 받아올림이 일어나 (   )가 된다.

14.2 ▶ 2진법

반면 **2진법은 0과 1의 두 개의 숫자만을 사용해서 수를 나타내는 방법**입니다. 2진법에서는 2 이상의 숫자를 사용할 수 없기 때문에 1에서 더하려고 하면 받아올림이 발생합니다.[※1]

따라서 10진법은 0, 1, 2, 3, 4, 5, 6, 7, 8, 9, 10, … 으로 이어지는 반면 2진법은 아래 그림과 같이 0, 1, 10, 11, 100, 101, 110, … 으로 이어집니다(노란 선이 받아올림이 발생하는 부분입니다).

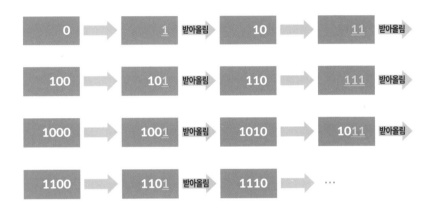

연습 문제 **14.2**

2진법에서 100<u>11</u>에 1을 더하면 어떻게 될까요?

답 밑줄 부분에서 받아올림이 일어나 (　　　　　　)가 된다.

※1 　예를 들어서 10<u>11</u>에 1을 더하면 밑줄 부분에서 받아올림이 일어나 1100이 됩니다. 이해가 안 되는 분들은 10진법의 10<u>99</u>에 1을 더하면 밑줄 친 부분에서 받아올림이 발생해서 1100이 되는 것을 생각하면 됩니다.

14.3 ▶ 10진법과 2진법의 관계

지금까지 설명한 10진법과 2진법은 **일대일 대응**을 하고 있습니다. 구체적으로는 2진법은 0, 1, 10, 11, 100, 101, …로 이어지기 때문에

- **10진법의 0**: 2진법의 0과 대응
- **10진법의 1**: 2진법의 1과 대응
- **10진법의 2**: 2진법의 10과 대응
- **10진법의 3**: 2진법의 11과 대응
- **10진법의 4**: 2진법의 100과 대응
- **10진법의 5**: 2진법의 101과 대응

이렇게 대응합니다. 10진법에서 0~23까지의 대응표는 아래와 같으니 꼭 확인해 보시길 바랍니다.

10진법	2진법	10진법	2진법	10진법	2진법
0	0	8	1000	16	10000
1	1	9	1001	17	10001
2	10	10	1010	18	10010
3	11	11	1011	19	10011
4	100	12	1100	20	10100
5	101	13	1101	21	10101
6	110	14	1110	22	10110
7	111	15	1111	23	10111

 **14.3**

2진법의 10110은 10진법으로는 얼마인가요? 위의 표를 보고 대답하세요.

답 (   )

14.4 ▶ 2진법 → 10진법 변환

다음으로 '2진법의 10110은 10진법에서 얼마인가'와 같은 문제를 푸는 방법을 설명합니다. 먼저 사전 지식으로 2진법의 자리에 대해 이해해 보도록 하겠습니다.

먼저 10진법은 오른쪽부터 차례로 1의 자리, 10의 자리, 100의 자리, 1000의 자리로 자릿값이 매겨져 있습니다(자리가 하나 올라갈 때마다 10배가 됩니다).

이와 마찬가지로 2진법도 오른쪽부터 순서대로 1의 자리, 2의 자리, 4의 자리, 8의 자리로 자릿값이 매겨져 있습니다(자리가 하나 올라갈 때마다 2배가 됩니다).

	백만 자리	십만 자리	만 자리	천 자리	백 자리	십 자리	일 자리
10진법				2	8	4	8

	64자리	32자리	16자리	8자리	4자리	2자리	1자리
2진법			1	0	1	1	0

그래서 2진법을 10진법으로 변환한 수는 **자리 × 수의 합**으로 계산할 수 있습니다.[2] 예를 들어서 2진법의 10110를 10진법으로 변환하면, 아래 그림과 같이 16 + 0 + 4 + 2 + 0 = 22가 됩니다.

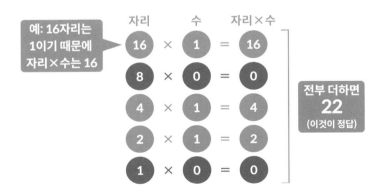

※2 이 방법으로 정확하게 계산이 되는 이유는 이 장의 마지막 칼럼을 참고하세요.

2진법의 101011은 10진법으로는 얼마일까요? 괄호 안에 들어갈 수 있는 숫자를 채워주세요.

🔲 답

먼저, 자리 × 수를 각각의 자릿수에 대해 계산하면 다음과 같다.

- 32자리: (　　　) × (　　　) = (　　　)
- 16자리: (　　　) × (　　　) = (　　　)
- 8자리: (　　　) × (　　　) = (　　　)
- 4자리: (　　　) × (　　　) = (　　　)
- 2자리: (　　　) × (　　　) = (　　　)
- 1자리: (　　　) × (　　　) = (　　　)

이것을 전부 더하면 (　　　)이므로, 10진법으로 변환한 수는 (　　　)이다.

14.5 ▶ 10진법 → 2진법 변환

마지막으로 '10진법의 22는 2진법에서 얼마인가?'와 같은 앞 절과는 반대인 문제를 푸는 방법을 설명합니다.

먼저 **숫자가 0이 될 때까지 2로 계속 나눕니다**. 예를 들어서 10진법의 22를 2진법으로 변환하는 과정은 아래 그림과 같습니다.

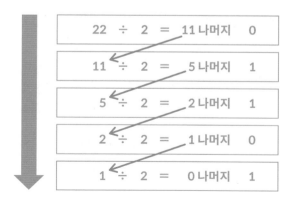

그리고 **나머지를 밑에서부터 위로 읽은 것**이 2진법으로 변환한 숫자가 됩니다.
예를 들어서 10진법의 22를 2진법으로 변환하면 10110이 됩니다.

연습 문제 **14.5**

10진법의 13은 2진법으로는 얼마일까요? 괄호 안을 채워 주세요.

답

먼저 13을 2로 계속 나누면 다음과 같다.

- (   ) ÷ 2 = (   ) 나머지 (   )
- (   ) ÷ 2 = (   ) 나머지 (   )
- (   ) ÷ 2 = (   ) 나머지 (   )
- (   ) ÷ 2 = (   ) 나머지 (   )

나머지를 밑에서부터 위로 읽으면 (   )이므로,
2진법으로 변환한 수는 (   )이다.

chapter 14의 정리

▶ **2진법은 0과 1만을 사용해서 수를 나타내는 방법**
▶ **2진법→10진법의 변환은 자리 × 수의 합**
▶ **0진법→2진법의 변환은 2로 계속 나누고 나머지를 밑에서부터 위로 읽는다**

정확하게 변환이 되는 이유

이 장에서는 2진법을 10진법으로 변환한 수가 자리 × 수의 합으로 계산할 수 있다는 것을 설명했습니다. 그런데 왜 이 방법이 잘 될까요? 이 칼럼에서는 그 이유를 설명합니다.

먼저, 10진법에서는 각 자릿수의 숫자가 개수에 대응합니다. 예를 들어서 2848이라는 수는 1000이 2개, 100이 8개, 10이 4개 그리고 1이 8개인 수로 볼 수도 있습니다.

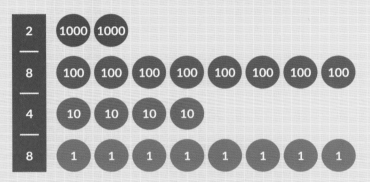

이것은 2진법에서도 마찬가지입니다. 예를 들어서 1101이라는 수는 8이 1개, 4가 1개, 2가 0개, 1이 1개인 수로 볼 수 있습니다.

그러면 8이 1개, 4가 1개, 2가 0개, 1이 1개 있을 때 총 몇 개일까요? 이런 문제는 수 × 개수의 합으로 계산할 수 있습니다.[3]

이것이 2진법을 10진법으로 변환한 수가 자리 × 수의 합으로 계산할 수 있는 이유입니다.

---

[3] 실제로 계산하면, $(8 \times 1) + (4 \times 1) + (2 \times 0) + (1 \times 1) = 13$이 됩니다.

컴퓨터와 2진법

인간은 10진법을 사용해서 생활하지만, 컴퓨터는 기본적으로 2진법으로 작동합니다. 왜냐하면 일반적인 컴퓨터[4]는 ON과 OFF의 두 가지 상태밖에 인식할 수 없기 때문입니다.

ON (1)   OFF (0)

하지만 2진법을 사용하는 컴퓨터는 문제점이 하나 있습니다. 2진법을 그대로 화면에 표시하면 평소 10진법을 사용하는 사람이 읽을 수 없다는 것입니다.

예를 들어서 현재 시간이 10010시 111011분이라고 표시하면 쉽게 읽을 수가 없습니다. 이런 컴퓨터가 있으면 버리는 분도 있을지도 모릅니다.

그래서 컴퓨터는 화면에 표시하기 전에 내부의 2진법 데이터를 10진법으로 변환합니다.[5] (이 장 후반부에서 배운 2진법과 10진법을 변환하는 방법이 훌륭하게 도움이 되고 있습니다.)

| 컴퓨터 2진법 | ⇄ | 화면 10진 |

※4 물론 예외는 있습니다.
※5 이렇게 어떤 진수를 다른 진수로 변환하는 처리를 기수 변환이라고 합니다.

수열을 정복하자

5부의 두 번째 주제는 수열입니다. 이 장에서는 가장 기본적인 수열인 등차수열과 등비수열 그리고 등차수열의 합을 계산하는 편리한 공식을 설명합니다.

15.1 ▶ 수열이란 수의 나열이다

수가 나열된 것을 **수열**이라고 합니다. 예를 들어서 10 이상 30 이하의 짝수를 나열한 수열은 아래와 같습니다.

$$10, 12, 14, 16, 18, 20, 22, 24, 26, 28, 30$$

또 1 × 1부터 10 × 10까지의 결과를 나열한 것도 수열입니다.

$$1, 4, 9, 16, 25, 36, 49, 64, 81, 100$$

또, 아래와 같이 특별히 규칙성이 없는 수의 나열도 수열입니다. (수열이란 수가 나열된 것으로 규칙성이 없더라도 수열인 것에는 변함이 없습니다.)

$$47, 43, 51, 38, 29, 87, 85, 76, 33, 58$$

이렇게 세상에는 다양한 수열이 존재합니다. 하지만 고등학교 수학에서 특히 중요한 것은 **등차수열**과 **등비수열** 두 가지입니다. 이 장에서는 이것들을 배워 보겠습니다.

15.2 ▶ 등차수열과 등비수열

먼저 등차수열은 **같은 수를 계속 더해가면서 생기는 수열**입니다. 예를 들어서 2부터 시작해서 3을 계속 더한 수열 2, 5, 8, 11, 14, 17이나 10부터 시작해서 5를 계속 더한 수열 10, 15, 20, 25, 30, 35는 등차수열입니다.

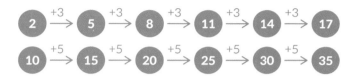

한편, **등비수열은 같은 수를 계속 곱해서 생기는 수열**입니다. 예를 들어서 1부터 시작해서 3을 계속 곱한 수열 1, 3, 9, 27, 81이나 3부터 시작해서 2를 계속 곱한 수열 3, 6, 12, 24, 48은 등비수열입니다.

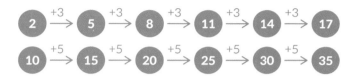

연습 문제 **15.1**

등차수열에 A, 등비수열에 B, 어느 쪽도 아닌 것에 C라고 써 주세요.

- [   ] 25, 50, 100, 200, 400, 800, 1600
- [   ] 17, 98, 179, 260, 341, 422, 503
- [   ] 2, 0, 2, 3, 0, 7, 2, 5

연습 문제 **15.2**

7부터 시작해서 4를 계속 더했을 때, 길이 5인 등차수열을 써 주세요.

답 (   ), (   ), (   ), (   ), (   )

15.3 ▶ 수열 합

앞에서는 등차수열과 등비수열을 설명했으며, 세상에는 수열의 합, 특히 **등차 수열의 합**이 필요한 경우가 많이 있습니다.

예를 들어서 연봉을 생각해 봅시다. 입사 1년 차 연봉이 4100만 원, 2년 차 연봉이 4300만 원, 3년 차 연봉이 4500만 원… 이런 식으로 매년 200만 원씩 상승할 때 10년 후까지 얻을 수 있는 연봉의 총합은 얼마일까요? (이러한 급여체계의 회사는 적지 않을 것입니다.)

정답은 등차수열 4100, 4300, 4500, 4700, 4900, 5100, 5300, 5500, 5700, 5900의 총합입니다. 이렇게 등차수열의 총합은 일상생활에 상당히 자주 사용됩니다.

연습 문제 15.3

콘서트홀의 좌석 배치가 아래 그림과 같습니다(앞에서부터 1단이 7명, 2단 이후에는 9, 11, 13…으로 2명씩 늘어난다). 이때 총 좌석 수는 어떤 등차수열의 합이 될까요?

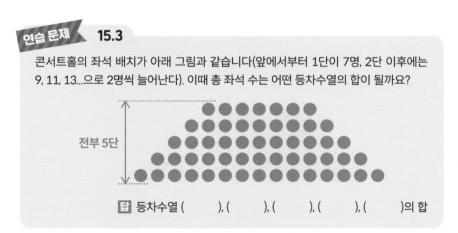

답 등차수열 (   ), (   ), (   ), (   ), (   )의 합

15.4 ▶ 등차수열의 합을 계산하자

그러면 등차수열의 합은 어떻게 계산하면 좋을까요? 가장 자연스러운 방법은 아래와 같이 **직접 덧셈을 하는 것**입니다. 하지만 큰 수의 덧셈을 9번이나 하는 것은 너무 귀찮습니다.

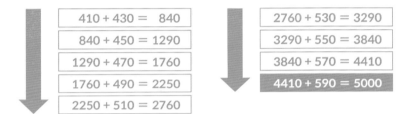

그래서 아래의 **수열의 합의 공식**을 사용하면 등차수열의 합을 간단히 계산할 수 있습니다.

$$합 = (\boxed{첫\ 번째\ 숫자} + \boxed{마지막\ 숫자}) \times \boxed{수열의\ 길이} \div 2$$

예를 들어서 등차수열 410, 430, 450, 470, 490, 510, 530, 550, 570, 590의 합을 계산하고 싶은 경우는 어떨까요? 첫 번째 숫자가 410, 마지막 숫자가 590, 수열의 길이가 10이기 때문에 답은

- $(410 + 590) \times 10 \div 2 = 5000$

이 됩니다. 이 방법이라면 꽤 쉽게 계산할 수 있습니다.

연습 문제 15.4

등차수열 7, 9, 11, 13, 15의 합을 계산하세요.

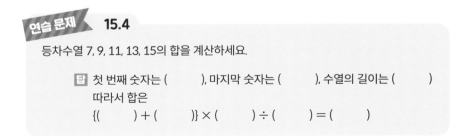

답 첫 번째 숫자는 (   ), 마지막 숫자는 (   ), 수열의 길이는 (   )
따라서 합은
{(   ) + (   )} × (   ) ÷ (   ) = (   )

15.5 ▶ 수열의 합 공식이 정확한 이유

마지막으로 수열의 합 공식으로 정확한 답을 낼 수 있는 이유를 설명합니다. 먼저 아래 그림을 보세요. 이 그림은 등차수열 410, 430, 450, 470, 490, 510, 530, 550, 570, 590을 순방향과 역방향으로 두 번 쓴 것입니다.

이제 적혀 있는 수의 합이 얼마가 되는지 생각해 봅시다. 아래 그림과 같이 모든 열의 합이 1000이므로 합은 1000 × 10 = 10000입니다. 그리고 등차수열이 2세트 쓰여 있으므로 등차수열의 합은 10000 ÷ 2 = 5000이 됩니다.

모든 열의 합이 1000 (예: 가장 왼쪽은 410＋590＝1000)

그렇다면 이 계산 결과는 어떤 의미를 가질까요? 여기서는 5000이라는 답을 1000 × 10 ÷ 2라는 식으로 계산했으며, 1000은 수열의 첫 번째 숫자 410과 마지막 숫자 590을 더한 수, 10은 수열의 길이에 대응합니다.

여기서 1000을 (첫 번째 숫자 ＋ 마지막 숫자), 10을 (수열의 길이)로 바꾸면 **(첫 번째 숫자 ＋ 마지막 숫자) × (수열의 길이) ÷ 2**, 즉 수열의 합의 공식이 됩니다. 이것이 수열의 합의 공식이 정확한 답을 낼 수 있는 이유입니다.

▶ 등차수열은 같은 수를 계속 더해서 생기는 수열

▶ 등비수열은 같은 수를 계속 곱해서 생기는 수열

▶ 등차수열의 합은 (첫 번째 숫자 + 마지막 숫자) × 길이 ÷ 2로 계산할 수 있다

column 등비수열의 합의 공식

독자들 중에는 등차수열의 합을 간단히 계산하는 공식이 있다면 등비수열의 합을 쉽게 계산하는 공식도 있을 것이다라고 생각하는 분도 많을 것입니다. 결론부터 말하면 그 공식도 있습니다.

$$\frac{\boxed{마지막 숫자} \times \boxed{곱해지는 수} - \boxed{첫 번째 숫자}}{\boxed{곱해지는 수} - 1} = 합$$

예를 들어서 등비수열 1, 3, 9, 27, 81의 합은 얼마일까요? 첫 번째 숫자가 1, 마지막 숫자가 81, 곱해지는 수가 3이므로 합은 (81×3−1)÷(3−1)=121이 됩니다.

$$\frac{\boxed{81} \times \boxed{3} - \boxed{1}}{\boxed{3} - 1} = 121$$

이 공식에서 정확한 답이 나오는 이유는 조금 복잡하기 때문에, 이 책에서는 다루지 않기로 합니다.

필요조건과 충분조건

이 칼럼에서는 필요조건과 충분조건을 설명합니다. 15장의 수열과는 전혀 관련이 없지만, 고등학교 수학에서 배우는 중요한 키워드이기 때문에 꼭 기억해 두시기를 바랍니다.

필요조건과 충분조건

수학의 세계에서는

- 반드시 만족시켜야 하는 조건을 필요조건
- 반대로 이것만 만족시키면 OK라는 조건을 충분조건

이라고 합니다. 예를 들어서 18세 이상이라는 것은 국회의원이기 위한 **필요조건**입니다. 왜냐하면 국회의원이기 위해서는 18세 이상이라는 조건을 무조건 만족시켜야 하기 때문입니다.[1]

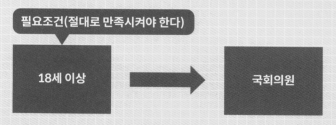

한편, **국회의장은 국회의원이기 위한 충분조건**입니다. 왜냐하면 국회의장이 되려면 무조건 국회의원이어야 하기 때문입니다.

---

[1] 공직선거법 제16조(시행 2024. 3. 8)에 따른 정보이며, 원래는 25세 이상이었다가 22년에 개정되었습니다.

또 다른 예를 소개하겠습니다. x가 짝수라는 것은 x가 50의 배수라는 것의 **필요조건**입니다. 왜냐하면 50의 배수가 되기 위해서는 먼저 짝수라는 조건을 만족시켜야 하기 때문입니다.

한편, x가 **100의 배수**라는 것은 x가 **50의 배수**인 것의 **충분조건**입니다. 왜냐하면 100의 배수라면 무조건 50의 배수이기 때문입니다.

또, 어느 쪽이 필요조건이고 어느 쪽이 충분히 조건인지를 기억하는 것은 어렵지만, 다른 조건(예: 국회의원이다)을 만족시키기 위해서

- 꼭 필요한 조건은 필요조건
- 이것만 만족시키면 충분한 조건은 충분조건

이런 식으로 외우는 것이 좋습니다.

chapter

16

삼각비와 삼각함수를 정복하자

드디어 이 책의 마지막 주제인 삼각비와 삼각함수로 들어갑니다. 이 장을 끝내면 고등학교 기초 수학을 정복한 셈이니 힘내세요.

16.1 ▶ 삼각비를 배우기 전에

여러분 **삼각비(사인, 코사인, 탄젠트)**라는 단어를 들어 보셨나요?

고등학교 수학의 대명사적인 존재로 유명하지만, '매우 어려울 것 같다…', '나는 고등학교 시절에 여기서 포기했다…', '애초에 도움이 되는 데가 있나?' 하고 생각하시는 분도 많으실 겁니다.

하지만 삼각비를 알고 있으면 편리합니다. 예를 들어서 경사 8°인 언덕을 100 미터 걸었을 때 고도가 어느 정도 높아졌는지는 삼각비를 사용해서 계산할 수 있습니다(16.7절에서 설명). 그래서 이 장에서는 먼저 삼각비가 어떤 것인지 알아 보겠습니다.

연습 문제 16.1

경사 8°인 언덕을 걸어서 올라가면 고도는 몇 미터 상승할지 예상해 보세요.

답 (   )미터

16.2 ▶ 삼각비(1): sin

삼각비에는 주로 3종류가 있으며 먼저 첫 번째 sin(사인)을 설명합니다. **sin x** 는 빗변의 길이[1]가 1, 각도가 x인 직각삼각형 높이입니다. (아래 그림을 참고하세요.)

예를 들어서 sin 20°의 값은 약 0.342입니다. 왜냐하면 빗변의 길이가 1, 각도가 20°인 직각삼각형의 높이는 약 0.342이기 때문입니다.

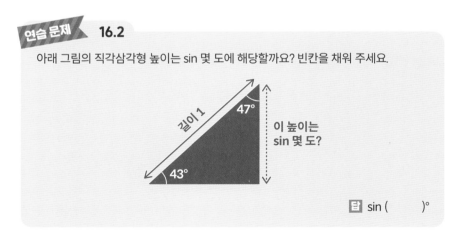

연습 문제 16.2

아래 그림의 직각삼각형 높이는 sin 몇 도에 해당할까요? 빈칸을 채워 주세요.

🔑 sin (　　)°

---

[1] 빗변은 직각삼각형의 비스듬한 변을 말합니다.

16.3 ▶ 삼각비(2): cos

다음은 두 번째 cos(코사인)을 설명합니다. **cos** x는 빗변의 길이가 1, 각도가 x인 직각삼각형 밑변의 길이입니다.

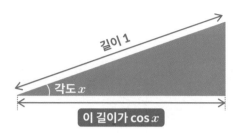

예를 들어서 cos 20°의 값은 약 0.940입니다. 왜냐하면 빗변의 길이가 1, 각도가 20°인 직각삼각형 밑변 길이는 약 0.940이기 때문입니다.

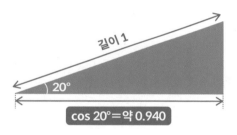

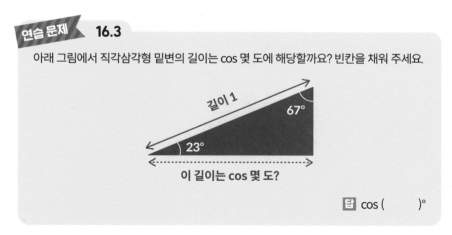

연습 문제 16.3

아래 그림에서 직각삼각형 밑변의 길이는 cos 몇 도에 해당할까요? 빈칸을 채워 주세요.

길이 1

67°

23°

이 길이는 cos 몇 도?

답 cos (   )°

16.4 ▶ 삼각비(3): tan

마지막으로 세 번째인 tan(탄젠트)를 설명합니다. **tan x**는 밑변의 길이가 1, 각도가 x인 직각삼각형의 높이입니다.

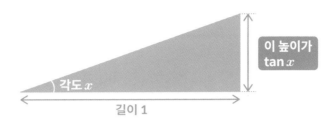

예를 들어서 tan 20°의 값은 약 0.364입니다. 왜냐하면 밑변의 길이가 1, 각도가 20°인 직각삼각형의 높이는 약 0.364이기 때문입니다.

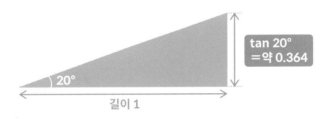

연습 문제 **16.4**

아래 직각삼각형의 높이는 몇 미터일까요? 단, tan 38° = 0.781, tan 52° = 1.280입니다.

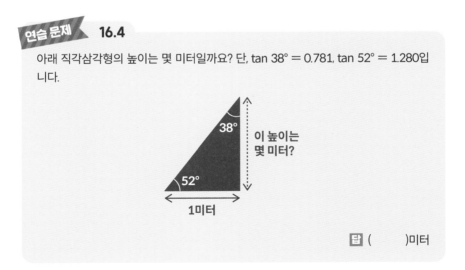

답 (   )미터

16.5 ▶ 삼각비 정리

지금까지의 내용을 정리하면 아래 그림과 같습니다. tan는 sin이나 cos과는
달리 밑변의 길이가 1인 것에 주의하세요.

sin x

빗변 1, 각도 x인
직각삼각형의 **높이**

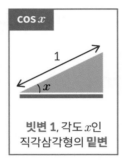

cos x

빗변 1, 각도 x인
직각삼각형의 **밑변**

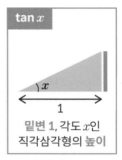

tan x

밑변 1, 각도 x인
직각삼각형의 **높이**

또 sin과 cos은 비슷해서 헷갈리지만, **각도가 작을 때 값이 작아지는 것이 sin**
이라고 생각해 두면 좋습니다.

연습 문제 **16.5**

아래 괄호 안에 sin, cos, tan 중 하나를 써서 문장을 완성하세요.

- 빗변 1, 각도 10° 직각삼각형의 높이는 (   ) 10°
- 밑변 1, 각도 28° 직각삼각형의 높이는 (   ) 28°
- 빗변 1, 각도 75° 직각삼각형 밑변의 길이는 (   ) 75°

16.6 ▶ 삼각비 계산 방법

삼각비는 30°나 45° 같은 일부 각도를 제외하고는 사람이 손으로 계산하기
가 매우 어렵기 때문에 기본적으로 **계산기**를 사용해서 계산합니다.

여기에서는 엑셀로 계산하는 방법을 설명합니다. 먼저 sin 20°를 계산하고
싶은 경우는 = SIN(RADIANS(20))을 입력하면 됩니다(0.34202라는 값이 나
올 것입니다).[2]

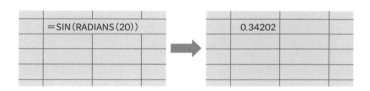

또, cos 20°를 계산하고 싶을 때는 = COS(RADIANS(20))라고 입력하면 됩
니다(0.939693이라는 값이 나올 것입니다).

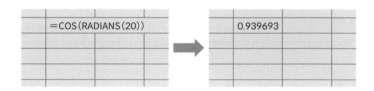

덧붙여 엑셀이 없는 분도 안심하세요. 구글에서 sin(20deg)이나 cos(20deg)
으로 검색해도 삼각비 값을 계산할 수 있습니다.

 16.6

> 공학용 계산기를 사용해서 tan 80°의 값을 계산하세요. 소수점 3번째 자리에서 반올
> 림해서 소수점 2번째까지의 대략적인 숫자로 답해 주세요.
>
> 답 약 (   )

---

[2] SIN(20)으로 틀리지 않도록 주의하세요. SIN(RADIANS(20))이 올바른 수식입니다.

16.7 ▶ 삼각비를 사용하는 예(1): 경사

그럼, 삼각비를 사용하는 친숙한 문제들을 몇 가지 소개합니다. 첫 번째는 경사입니다. 만약 경사 8°인 언덕을 100미터 걸었을 때 고도는 몇 미터 높아졌을까요(→ 16.1절).

먼저 빗변 1, 각도 8°의 직각삼각형의 높이는 sin 8°입니다.

따라서, 빗변 100, 각도 8°의 직각삼각형의 높이는 100 × sin 8°입니다.

여기서 sin 8°의 값을 공학용 계산기로 계산하면 약 0.14가 되므로
답은 100 × 0.14 = **14미터**임을 알 수 있습니다.

 **16.7**

경사 2°인 언덕을 따라 500미터 걸었을 때 높아진 고도는 몇 미터일까요? 단, sin 2° = 0.035로 합니다.

답 (   ) × (   ) = (   )미터

16.8 ▶ 삼각비를 사용하는 예(2): 비행기

두 번째는 비행기입니다(16쪽 1부 '확인 문제' 위의 비행기 그림을 기억하시나요?). 비행기가 하강할 때의 각도는 3°가 표준인 것으로 알려져 있습니다. 현재 하강 중인 비행기의 고도가 1200미터일 때, 목적지까지의 수평 거리는 몇 km일까요?

먼저 비행기의 현재 위치와 목적지와의 관계는 아래 그림의 삼각형과 같습니다.
(목적지 쪽의 각도가 3°이므로 비행기 쪽의 각도는 87°인 것에 주의하세요.)

이것을 왼쪽으로 90° 회전시키면 오른쪽 그림과 같습니다. 계산하고 싶은 거리는 밑변이 1200이고 각도가 87°인 직각삼각형의 높이이므로 답은 1200 × tan 87°미터입니다.

여기서 tan 87°의 값을 공학용 계산기로 계산하면 약 19.08이므로 답은 1200 × 19.08 = 22896미터, 즉 **약 23km**인 것을 알 수 있습니다.

16.9 ▶ 삼각함수

마지막으로 삼각함수를 설명합니다. 삼각함수는 **함수 $y = \sin x$, 함수 $y = \cos x$, 함수 $y = \tan x$**를 말합니다.[3]

그러면 삼각함수 그래프는 어떤 모양일까요? 먼저 예를 들어서 $y = \sin x$ 그래프를 그려보겠습니다.

먼저 공학용 계산기를 사용해서 $x = 0°$, 10°, 20°, ⋯, 90°일 때의 y 값을 계산하면 다음과 같습니다. (sin 0°가 0이 되는 이유는 이 장 마지막 칼럼을 참고하세요.)

x의 값	y의 값	x의 값	y의 값
0°	sin 0° = 0	50°	sin 50° = 약 0.766
10°	sin 10° = 약 0.174	60°	sin 60° = 약 0.866
20°	sin 20° = 약 0.342	70°	sin 70° = 약 0.940
30°	sin 30° = 0.5	80°	sin 80° = 약 0.985
40°	sin 40° = 약 0.643	90°	sin 90° = 1

다음으로 $x = 0°$, 10°, 20°, ⋯, 90°일 때, y의 값을 그래프 위에 그리면 아래와 같습니다.

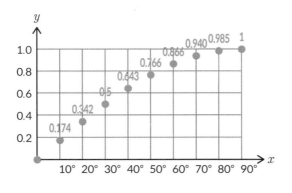

다음페이지에 계속

---

[3]　대학교 수준이 되면 $y = \sec x$ 등의 네 번째 삼각함수도 나오지만, 이 책에서는 다루지 않습니다.

마지막으로 점들을 자연스럽게 연결하는 선을 그으면 그래프가 완성됩니다.[※4]

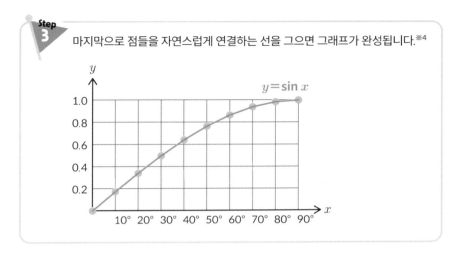

이렇게 함수 $y = \sin x$의 그래프는 **오른쪽 위로 상승하지만 90°에 가까워지면 증가가 완만해지는 모습**을 보입니다.

마찬가지로 함수 $y = \cos x$의 그래프는 아래 그림 왼쪽과 같으며, $y = \sin x$의 그래프를 좌우 반전시킨 모양입니다.

그리고 함수 $y = \tan x$의 그래프는 아래 그림 오른쪽과 같으며, 90°에 가까워짐에 따라 급격히 증가하는 형태입니다.

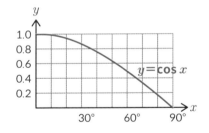

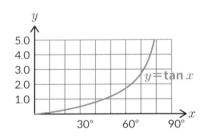

※4 사실은 90° 이후의 각도도 그래프가 이어지고 있지만(예: sin 100° = 약 0.985), 고등학교 기초 수학에서는 90° 까지만 알아두면 충분합니다.

이것으로 고등학교 수학의 기초에서 배우는 내용은 모두 끝났습니다. 2부의 함수부터 시작해서 3부의 경우의 수와 확률과 통계, 4부의 미분 적분, 그리고 5부의 그 외의 주제. 이 책에서는 꽤 많은 내용을 설명했으며 이것으로 고등학교 기초 수학을 완전히 끝냈습니다. 수고 많으셨습니다.

chapter 16의 정리

▶ $\sin x$는 빗변이 1이고 각도가 x인 직각삼각형 높이

▶ $\cos x$는 빗변이 1이고 각도가 x인 직각삼각형 밑변

▶ $\tan x$는 밑변이 1이고 각도가 x인 직각삼각형 높이

▶ 삼각함수는 함수 $y = \sin x, y = \cos x, y = \tan x$를 말한다.

sin 0°가 0이 되는 이유

16.9절에서 말한 것처럼 sin 0°의 값은 0이라는 것이 알려져 있습니다. 그런데 각도 0°인 직각삼각형은 존재하지 않는데 왜 이렇게 될까요? 그 이유는 **각도를 서서히 줄여나가면 직각삼각형의 높이가 0에 가까워지기 때문입니다.**

좀 더 자세히 설명하겠습니다. 먼저 빗변의 길이가 1, 각도가 10°인 직각삼각형의 높이는 약 0.174입니다(아래 그림을 참고하세요).

다음으로, 이 각도를 서서히 작게 하면, 높이가 약 0.087, 약 0.035, 약 0.017로 작아집니다.

그리고 각도를 0°으로 하면 최종적으로 높이가 0이 됩니다. 이것이 sin 0° = 0이 되는 직관적인 이유입니다.

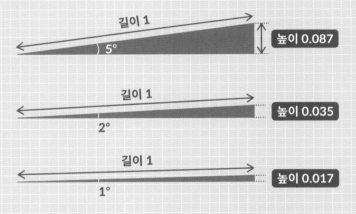

문제 1

288과 400의 최대공약수를 유클리드 호제법으로 계산하세요.

(   ) ÷ (   ) = (   ) 나머지 (   )
(   ) ÷ (   ) = (   ) 나머지 (   )
(   ) ÷ (   ) = (   ) 나머지 (   )
(   ) ÷ (   ) = (   ) 나머지 (   )
(   ) ÷ (   ) = (   ) 나머지 (   )
마지막으로 나눈 수는 (   )이기 때문에
최대공약수는 (   )이다.

문제 2

2진법에서 1001111의 다음 수는 무엇일까요?

(   )

문제 3

등차수열 26, 24, 22, 20, 18, 16, 14의 합을 수열의 합 공식을 사용해서 계산하세요.

첫 번째 숫자가 (   ), 마지막 숫자가 (   ), 수열의 길이는 (   )
따라서 합은
{(   )+(   )}×(   )÷(   )=(   )

문제 4

sin 10° = 0.174, cos 10° = 0.985, tan 10° = 0.176이라고 할 때, 경사 10°의 오르막길을 1500미터 걸었을 때의 고도 상승은 몇 미터일까요?

(   ) × (   ) = (   )미터

part

6

이 책의 내용을
복습해 보자

6부의 목적

고등학교 기초 수학에서 다루는 내용은 5부로 끝입니다. 많은 주제가 있었지만, 여기까지 다 읽은 것만으로도 정말 멋진 일이라고 생각합니다. 수고 많으셨습니다.

하지만 이 책의 전반부에서 배운 내용을 벌써 잊어버린 분도 많을 것입니다. 그래서 이 책의 마지막인 6부에서는 배운 내용을 10분 정도로 정리하고 확인 테스트를 풀어서 지식을 확실하게 내 것으로 하는 것이 목표입니다.

마라톤으로 환산하면 나머지 3킬로, 드디어 마지막 파트입니다. 조금만 더 힘을 내세요.

고등학교 수학 기초 마무리

고등학교 수학 내용은 5부로 끝입니다. 하지만 처음에 다룬 주제를 잊은 분들도 많을 것 같아서 마지막으로 이 책에서 배운 내용을 돌아 보도록 하겠습니다.

17.1 ▶ 이 책에서 배운 것

약 200페이지의 이 책에서는 크게 나눠서 아래와 같은 네 가지 주제를 배웠습니다.

- 여러 가지 함수
- 경우의 수/확률과 통계
- 미분과 적분
- 그 외의 주제

그러면 각 주제를 3분 정도로 복습해 보겠습니다.

PART 2
함수

PART 3
경우의 수/확률과 통계

PART 4
미적분

PART 5
그 외의 주제

17.2 ▶ 2부 함수

고등학교 때까지 배우는 대표적인 함수로는 일차함수, 이차함수, 지수함수, 로그함수 이렇게 네 가지가 있습니다. 각각은 아래와 같습니다.

	함수의 형태	예
일차함수	$y = \boxed{수치}\,x + \boxed{수치}$	$y = 3x + 4$
이차함수	$y = \boxed{수치}\,x^2 + \boxed{수치}\,x + \boxed{수치}$	$y = 3x^2 + 4x + 5$
지수함수	$y = \boxed{수치}^{\,x}$	$y = 3^x$
로그함수	$y = \log_{\boxed{수치}} x$	$y = \log_3 x$

단, 로그 log는 **몇 제곱하면 원하는 값이 되는지**를 나타냅니다. 예를 들어 $\log_2 x$ 는 2를 몇 제곱하면 x가 되는가를 나타내고,

- $\log_2 2 = 1$ (2를 1 제곱하면 2가 된다)
- $\log_2 4 = 2$ (2를 2제곱하면 4가 된다)
- $\log_2 8 = 3$ (2를 3곱하면 8이 된다)

가 됩니다. 다음으로 각 함수의 그래프 모양은 기본적으로[1] 아래와 같습니다. 특히 일차함수는 직선, 이차함수는 포물선(또는 뒤집힌) 모양입니다.

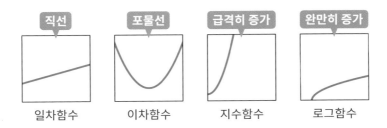

직선	포물선	급격히 증가	완만히 증가
일차함수	이차함수	지수함수	로그함수

---

[1] 단, 지수함수 그래프는 $y = 0.8^x$이나 $y = 0.1^x$과 같이 곱해지는 수가 1 미만의 경우는 오른쪽 아래로 감소하고 급격하게 0에 가까워집니다. 로그함수에서도 $y = \log_{0.8} x$나 $y = \log_{0.1} x$ 등의 그래프는 오른쪽 아래로 감소합니다.

17.3 ▶ 3부 경우의 수/확률과 통계

먼저 경우의 수(7장)를 확인합니다. 패턴의 가짓수를 세는 가장 간단한 방법은 아래와 같은 수형도를 그리는 것입니다.

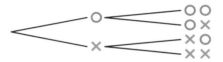

그러나 수형도를 그리면 시간이 많이 걸립니다. 그래서 다른 방법으로 아래와 같은 3가지 공식을 사용할 수 있습니다.

공식 1: 곱의 법칙

첫 번째 사건이 일어나는 경우가 a가지, 두 번째 사건이 일어나는 경우가 b가지일 때, 두 가지 사건이 동시에 일어나는 경우의 조합은 $a \times b$가지

예: 옷 사이즈의 선택 방법이 세 가지, 색깔을 고르는 방법이 6가지가 있을때 옷을 고르는 방법은 $3 \times 6 = 18$가지

공식 2: 순열 공식

순서를 생각해서 n명 중에 r명을 선택하는 방법의 수는 $n - r + 1$부터 n까지의 곱셈

예: 순서를 생각해서 7명 중 3명을 선택하는 방법은 $7 \times 6 \times 5 = 210$가지

공식 3: 조합 공식

순서를 생각하지 않고 n명 중에 r명을 선택하는 방법의 수는 순서를 생각해서 선택하는 방법의 수에 1부터 r까지 곱한 값을 나눈 값

예: 순서를 생각하지 않고 7명 중에 3명을 선택하는 방법은 $210 \div (1 \times 2 \times 3) =$ 35가지

다음으로 확률(8장)을 확인합니다. 확률이란 **어떤 사건이 얼마나 발생하기 쉬운지**를 나타내는 값입니다. 확률은 0 이상 1 이하의 수치 또는 0% 이상 100% 이하의 수치로 나타납니다.

또 기댓값은 **평균적으로 어느 정도의 점수를 얻을 수 있는가**를 나타내는 값이며 아래 그림과 같이 '점수 × 확률'의 합으로 계산할 수 있습니다.

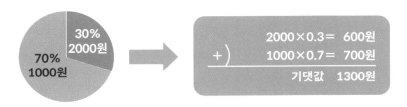

다음으로 통계(9, 10장)를 확인합니다. 이 세상은 매출이나 시험 점수 등 다양한 데이터로 넘쳐 납니다. 그러나 데이터를 단지 숫자의 나열로 보는 것만으로는 데이터의 특징을 쉽게 파악할 수 없습니다. 그래서 이 책에서는 아래 3가지 도구를 배웠습니다.

❶ **히스토그램**: 각 점수대에 몇 명이 있는지 나타내는 막대그래프
❷ **평균값**: 총합을 데이터의 개수로 나눈 값
❸ **표준편차**: 데이터의 편차 정도를 나타내는 값

여기서 표준편차는 **평균과의 편차의 제곱들을 평균하고 루트를 계산한다**는 방법으로 계산할 수 있습니다.

예를 들어서 5, 35, 50, 65, 95라는 데이터의 표준편차는 30입니다. 왜냐하면 데이터의 평균값 50과의 편차는 각각 45, 15, 0, 15, 45이기 때문에 편차의 제곱의 평균은 $(45^2 + 15^2 + 0^2 + 15^2 + 45^2) \div 5 = 900$이 되고 900의 제곱근은 30이기 때문입니다..

그리고 이 책에서는 심화 내용으로 두 데이터 사이의 관계의 세기를 −1 이상 +1 이하의 값으로 나타내는 상관계수도 소개했습니다.

17.4 ▶ 4부 미적분

미분이란 **어느 순간에서의 변화의 속도**를 계산하는 것입니다. 예를 들어서 아래 그림의 기온 그래프에 대해서 오전 8시에 시간당 몇 ℃로 기온이 오르고 있는지를 계산하는 것이 미분입니다.

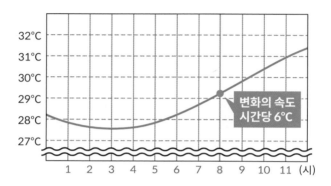

한편, 적분이란 **누적값**을 구하는 것입니다. 예를 들어서 아래 그림의 KTX 속도 그래프에서 0분부터 4분까지 몇 킬로미터 이동했는지를 계산하는 것이 적분입니다.

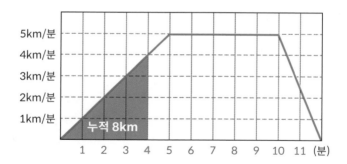

그리고 현재 위치에서 KTX의 속도를 조사하는 것이 미분, KTX의 속도에서 현재 위치를 조사하는 것이 적분인 것처럼 **미분과 적분은 정반대의 개념**입니다.

17.5 ▶ 5부 그 외의 주제

먼저, 정수의 성질(13~14장)에서는 주로 아래 2가지 주제를 설명했습니다.

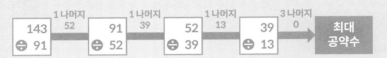

❶ **유클리드 호제법**: 0이 될 때까지 나누고 나머지를 이용해서 최대공약수를 빠르게 구하는 방법.

❷ **2진법**: 0과 1만을 사용해서 수를 나타내는 방법. 0 → 1 → 10 → 11 → 100 → 101 → …로 이어진다.

다음으로 수열(15장)을 확인합니다. 먼저 **등차수열**이란 10, 12, 14, 16, 18, 20과 같이 같은 수를 계속 더해서 생기는 수의 나열을 말합니다. 한편, **등비수열**이란 3, 6, 12, 24, 48, 96과 같이 같은 수를 계속 곱해서 생기는 수의 나열을 말합니다.

그리고 등차수열의 합은 **(첫 번째 숫자 + 마지막 숫자) × (수열의 길이) ÷ 2** 라는 식으로 간단하게 계산할 수 있습니다.

마지막으로 삼각비와 삼각함수(16장)를 확인합시다. 삼각비에는 주로 sin, cos, tan의 3종류가 있으며, 각각 아래 그림과 같은 의미를 가집니다. 그리고 삼각함수는 $y = \sin x$나 $y = \cos x$와 같은 함수를 가리킵니다.

빗변 **1**, 각도 x인
직각삼각형의 높이

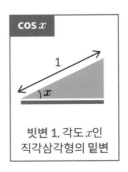

빗변 **1**, 각도 x인
직각삼각형의 **밑변**

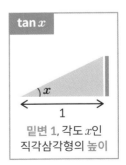

밑변 **1**, 각도 x인
직각삼각형의 높이

마지막으로 확인 테스트를 5문제 출제하니 꼭 풀어 보시기 바랍니다. 만점은 120점입니다. 수학적 지식을 제대로 사용할 수 있느냐가 중요하기 때문에 **이 책의 해설을 읽거나 계산기를 사용하면서 문제를 풀어도 괜찮습니다.**

또 이미 답을 썼지만 다시 풀고 싶다라고 하는 분을 위해서, 확인 테스트의 PDF 파일을 아래의 URL에 준비했으니 사용하세요.

bit.ly/basicmath101

문제 1 [배점 25점]

(1) 함수 $y = 0.5x + 1$의 그래프, 함수 $y = x^2 - 5x + 7$의 그래프를 다음 (a)~(c) 중에서 선택하세요. [4점 × 2]

(a)

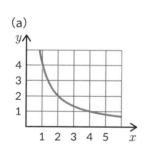

(b)

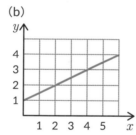

(c)

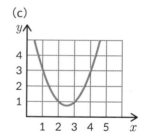

$y = 0.5x + 1$: _____
$y = x^2 - 5x + 7$: ___

(2) 한 변이 x미터인 정사각형 모양의 공원의 면적 y는 어떤 함수로 나타날까요? 일차함수, 이차함수, 지수함수, 로그함수 중에서 골라주세요. [5점]

답: _____

(3) 어떤 감염병은 일주일 만에 감염자 수가 10배로 늘어납니다. 현재 감염자 수가 1명일 때, 감염자 수가 1만 명, 100만 명이 되는 것은 각각 몇 주 후일까요? [4점 × 2]

1만 명: _____주 후

100만 명: _____주 후

(4) 앞의 감염병에서 감염자 수가 x명에 도달하기까지 걸리는 시간 y는 어떤 함수로 나타날까요? (힌트: $x = 100$일 때, $y = 2$입니다.) [4점]

답: $y =$ _____

문제 2 [배점 30점]

(1) 영우의 최근 4일간의 기상시각은 6시 20분, 6시 40분, 6시 40분, 7시 40분이었습니다. 기상시각의 평균과 표준편차를 계산하세요. 계산을 위해서 아래의 표를 이용해도 괜찮습니다. [5점 × 2]

	기상 시각	평균과의 차이 (분)	평균과의 차이의 제곱
1일째			
2일째			
3일째			
4일째			

평균: _____시 _____분

표준편차: _____분

(2) 영우의 지금 월급은 200만 원이며, 승진하면 300만 원이 됩니다. 다음 달에 승진하지 않을 확률이 80%, 승진할 확률이 20%일 때 다음 달 월급의 기댓값은 얼마일까요? [7점]

답: _____ 만 원

(3) 다음 4개의 데이터를 상관계수가 작은 순으로 나열하세요. [7점]

 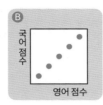  

답: _____

(4) 10명 중에서 3명의 식사 당번을 선택하는 방법은 전부 몇 가지인가요? 단, 3명을 선택할 때 순서는 생각하지 않습니다. [1점 × 6]

> 먼저 10명 중에 3명을 순서를 생각해서 선택하는 방법의 수는
> (_____) × (_____) × (_____) = (_____)가지이다.
> 그리고 순서를 생각하지 않으면 패턴의 개수가
> (_____)분의 1이 되므로 답은 (_____)가지이다.

문제 3 [배점 20점]

(1) 자동차 이동 속도 그래프에서 가장 최근 5분간 차가 몇 미터 이동했는지를 계산하는 것은 미분과 적분 중에 어느 쪽일까요? [6점]

답: _____

(2) 대통령 지지율 그래프에서 지금 대통령의 지지율이 어느 정도 속도로 올라가고 있는지 계산하는 것은 미분과 적분 중에 어느 쪽일까요? [5점]

답: _____

(3) 함수 $y = 2x^2$의 $x = 1$에서의 미분계수의 대략적인 값을 아래 빈칸을 채우는 형태로 계산하세요. [1점 × 4]

$x = 0.9$일 때, y의 값은 (_____)이다.

$x = 1.1$일 때, y의 값은 (_____)이다.

x가 0.2 증가하면 y의 값이 (_____) 증가한다.

따라서 대략적인 미분계수는 (_____)이다.

(4) 함수 $y = 60x^2$의 1부터 3까지의 적분을 12.6절에 소개한 적분 공식을 사용해서 계산하세요. [1점 ×5]

Step1을 실행하면 식은 (_____)가 된다.

Step2를 실행하면 식은 (_____)가 된다.

이 식에 $x = 1$을 대입하면 (_____), $x = 3$을 대입하면

(_____)이 되므로, 정답은 (_____).

문제 4 [배점 25점]

(1) 10진법의 18을 2진법으로 변환하세요. [5점]

답: _____

(2) 어떤 게임에는 스테이지 1부터 100까지 100개의 스테이지가 있으며, 각 스테이지에서 쓰러뜨려야 할 적의 수는 다음 표와 같습니다. 모든 스테이지를 클리어하려면 총 몇 마리의 적을 쓰러뜨려야 할까요? [1점 ×5]

	스테이지 1	스테이지 2	스테이지 3	스테이지 4	⋯	스테이지 100
적의 수	10마리	11마리	12마리	13마리	⋯	109마리

+1   +1   +1

첫 번째 숫자가 (_____), 마지막 숫자가 (_____), 길이가 (_____)인 (등차수열, 등비수열)의 합이므로 정답은 (_____)마리.

(3) 100과 86의 최대공약수는 2입니다. 최소공배수는 얼마일까요?? [6점]

답: _____

(4) 고운이는 그림 A와 같은 관람차를 타고 있습니다. 이 관람차의 반경은 50미터이며, 최상부의 높이는 지상으로부터 110미터입니다. 또 이 관람차는 12분 동안 시계 반대 방향으로 한 바퀴 돕니다.

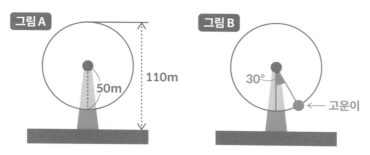

고운이는 1분 전에 관람차를 탔으며 현재 위치는 그림 B와 같습니다. 그는 지금 지상 몇 미터 높이에 있을까요? [3점 × 3]

먼저 cos 30° 값은 약 0.866이므로 고운이의 위치는 관람차 중심보다 약 (_____)미터 낮다는 것을 알 수 있다.

즉, 관람차의 최상부보다 (_____)미터 낮기 때문에, 고운이는 지상(_____)미터 높이에 있다.

힌트

오른쪽 그림의 삼각형을 봅시다.
? 부분은 몇 미터일까요?

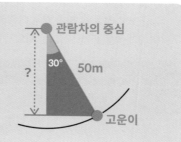

문제 5 [심화문제, 배점 20점]

성공할 확률이 10%나 20%밖에 안 되는 시험은 어렵지만, 포기하지 않고 여러 번 도전하면 마지막에는 거의 확실하게 성공합니다. 이 문제에서는 이 사실을 수학적으로 분석해 보겠습니다.

(1) 성공률 20%, 즉 실패율 80%인 도전을 한 번, 두 번, 세 번 했을 때 전부 실패할 확률은 몇 퍼센트일까요? 단, 각 도전의 결과는 다른 도전의 결과에 영향을 미치지 않는 것으로 합니다. [3 + 3 + 2점]

한 번: _____ %
두 번: _____ %
세 번: _____ %

(2) 성공률 20%인 도전을 한 번, 두 번, 세 번 했을 때 한 번이라도 성공할 확률은 몇 퍼센트일까요? (힌트: 한 번이라도 성공할 확률과 전부 실패할 확률을 더하면 100%가 됩니다.) [2점 × 3]

한 번: _____ %
두 번: _____ %
세 번: _____ %

(3) 성공률 20%인 도전을 몇 번 하면 한 번이라도 성공할 확률이 99%가 될까요? 아래 빈 칸을 채우는 형태로 답해 주세요. 계산은 엑셀 등의 계산기를 사용해도 상관없습니다. [1점 × 6]

먼저 성공률 20%, 즉 실패율 80%인 도전을 x번 했을 때, 전부 실패할 확률은 (_____)의 x제곱이다.

거기서 한 번이라도 성공할 확률을 99%로 하려면 전부 실패할 확률을 (_____)%로 해야 하기 때문에 필요한 도전 횟수는 log(____)(____)번.

이것을 계산기로 계산하면 약 (_____)이므로, (_____)번을 도전하면, 최종 성공률이 99%를 넘는다.

문제는 여기까지입니다

확인 테스트 문제는 이상입니다. 수고하셨습니다. 해답과 해설은 이 책의 마지막에 있으므로, 꼭 채점해 보시기 바랍니다. 60점 정도면 고등학교 기초 수학을 어느 정도 이해했다고 말할 수 있습니다.

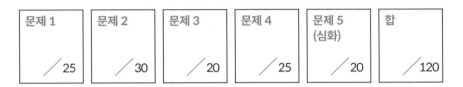

문제 1	문제 2	문제 3	문제 4	문제 5 (심화)	합
/25	/30	/20	/25	/20	/120

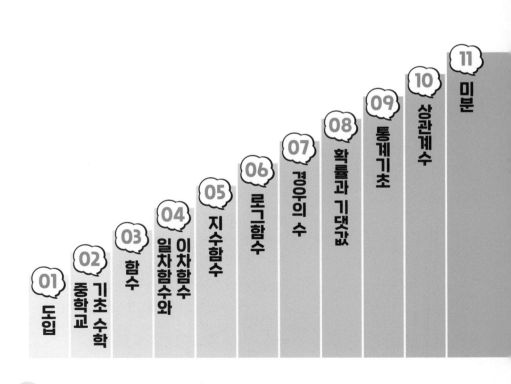

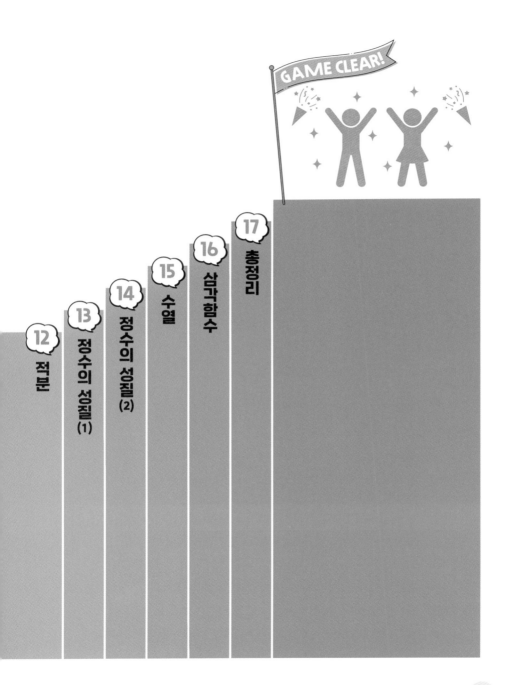

문제 2.1 -4

문제 2.2 -1 더하기 -6은 -7, -1 빼기 -3은 2

> **해설** 아래 수직선 그림을 생각합시다. -1 더하기 -6은 -1에서 왼쪽으로 6칸 이동에 대응하며, -1 빼기 -3은 -1에서 오른쪽으로 3칸 이동에 대응합니다.

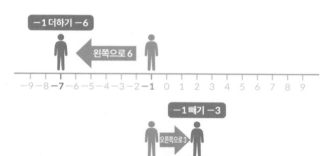

문제 2.3 10 나누기 4는 2.5이므로 답은 -2.5

> **해설** -10과 4 중에 한쪽만 마이너스이기 때문에 답은 마이너스입니다.

문제 2.4 $7 \times 7 = 49$

> **해설** 7^2은 7을 두 번 곱한 수이므로 답은 $7 \times 7 = 49$입니다.

문제 2.5 6

> **해설** $6 \times 6 = 36$이므로 $\sqrt{36}$ (두 번 곱해서 36이 되는 수)은 6입니다.

문제 2.6 a^2 [cm²] (※ a^2는 a의 제곱)

문제 2.7 $500a + 100b$

> **해설** 합계금액은 $500 \times a + 100 \times b$이므로, 문자식 쓰기 규칙에 따르면 $500a + 100b$입니다. $100b + 500a$도 정답입니다.

확인 문제 1 18

> **해설** -3과 -6 둘 다 마이너스이기 때문에 답에는 마이너스가 붙지 않습니다.

확인 문제 2 $7a$ 페이지

> **해설** 읽는 페이지 수는 $7 \times a$페이지이지만, 2.8절의 문자식 규칙에 따라 쓰면 $7a$페이지가 됩니다.

문제 3.1 $y = 15000x$

해설 급료 y는 15000 × (노동시간 x)로 표시됩니다.

문제 3.2 y $= x^3$

해설 정육면체의 부피 y는 한 변의 길이 x의 3제곱입니다.

문제 4.1 [○] $y = 4x + 8$

[○] y $= x + 1$ (**해설** $y = 1x + 1$과 동일합니다)

[○] y $= -x + 1$ (**해설** $y = -1x + 1$과 동일합니다)

[○] y $= -77x$ (**해설** $y = -77x + 0$과 동일합니다)

[   ] $y = x^3$

문제 4.2 (c)

해설 일차함수의 그래프는 직선이며 (a)~(c) 중 직선 그래프는 (c)밖에 없습니다.

문제 4.3 $y = 500x + 8000$

해설 x년 후의 연봉은 500 × (햇수) + 8000이라는 식으로 표현됩니다. 착각해서 $y = 8000x + 500$으로 쓰지 마세요.

문제 4.4 $y = 300x + 12000$

해설 xkWh의 전기를 사용했을 때의 전기료는 300 × x + 12000원입니다.

문제 4.5 [○] y $= -3x^2 - 4x - 5$

[   ] y $= 1 \div (x + 1)$

문제 4.6 (a)

해설 이차함수의 그래프는 포물선 또는 뒤집힌 포물선 모양이며 이렇게 생긴 그래프는 (a)밖에 없습니다.

문제 5.1 답은 아래 표와 같습니다.

제곱	2^1	2^2	2^3	2^4	2^5	2^6
답	2	(4)	(8)	(16)	(32)	(64)

문제 5.2 [○] $y = 10^x$

[   ] $y = 2x + 1$

문제 5.3 5만 9049명

> **해설** 3의 10제곱은 59049입니다.

문제 5.4 $y = 1.3^x$

> **해설** 연 30% 성장은 1년에 1.3배가 된다는 것을 의미합니다.

문제 5.5 답은 아래 표와 같습니다.

제곱	10^{-2}	10^{-1}	10^0	10^1	10^2	10^3
답	(0.01)	(0.1)	(1)	10	100	1000

$\div 10$ $\div 10$ $\div 10$

문제 5.6 2의 100제곱

> **해설** $2^{84} \times 2^{16} = 2^{84+16} = 2^{100}$입니다.

문제 6.1 3

> **해설** 5를 3제곱하면 125가 되므로 $\log_5 125 = 3$입니다.

문제 6.2 [○] $y = \log_8 x$

[ ] $y = 3^x$ (**해설** 이것은 로그함수가 아니라 지수함수입니다)

문제 6.3 $\log_{1.1} 20$년

> **해설** 필요한 햇수는 '1.1배를 몇 제곱하면 20배가 될까요'입니다.

확인 문제 1 위에서부터 순서대로 A, D, B, C

확인 문제 2 지수함수

> **해설** x년 후의 인구가 몇 배 됐다는 것은 함수 $y = 1.05^x$으로 표현됩니다.

해답 (3부)

문제 7.1 수형도는 아래와 같으므로 답은 4가지.

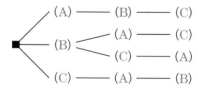

문제 7.2 첫 번째 문제의 답은 2가지
두 번째 문제의 답은 2가지
따라서 답의 조합은 $2 \times 2 = 4$가지

문제 7.3 첫 번째 문제의 답은 2가지
두 번째 문제의 답은 2가지
세 번째 문제의 답은 2가지
따라서 답의 조합은 $2 \times 2 \times 2 = 8$가지

문제 7.4 4명 중에서 2명의 순서를 생각해서 선택하는 것이므로 답은
3부터 4까지의 곱셈, 즉 $4 \times 3 = 12$가지

해설 4부터 3까지의 곱셈, 즉 $3 \times 4 = 12$도 정답입니다.

문제 7.5 1부터 3까지의 곱셈이므로 6가지

해설 $3 \times 2 \times 1 = 6$입니다.

문제 7.6 먼저 순서를 생각해서 선택하는 방법의 수는 $8 \times 7 = 56$가지.
순서를 생각하지 않으면 A, B 두 개를 나열하는 방법의 수 2가지
가 같으므로 답은 28가지.

해설 $7 \times 8 = 56$도 정답입니다.

문제 8.1 0.05

문제 8.2 25%

해설 4개의 보기 중에 1개가 정답이므로 맞을 확률은 $1 \div 4 = 0.25$입니다.
이것을 퍼센트로 바꾸면 25퍼센트가 됩니다.

문제 8.3 16%

해설 확률의 곱의 법칙으로부터 두 번 다 앞면이 나올 확률은 $0.4 \times 0.4 = 0.16$입니다. 이것을 퍼센트로 바꾸면 16퍼센트가 됩니다.

문제 8.4 (점수) $\times$ (확률)은 1등일 때, $10000 \times 0.02 = 200$원
2등일 때, $3000 \times 0.08 = 240$원
3등일 때, $0 \times 0.9 = 0$원
기댓값은 이것을 모두 더한 440원

해설 기댓값은 (점수) $\times$ (확률)의 합입니다.

문제 9.1   어떤 점수대가 많은지 조사한다, 평균점을 계산해 본다 등

해설 그 밖에도 여러 가지 답이 있을 수 있습니다. 기본적으로는 무엇이든 정답입니다.

문제 9.2   우선 각 타임의 점수를 표로 하면 다음과 같다.

시간	12분대	13분대	14분대	15분대	16분대
인원	1명	2명	3명	6명	3명

따라서 히스토그램은 다음과 같다.

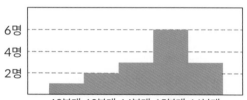

12분대 13분대 14분대 15분대 16분대

문제 9.3   합이 250, 데이터의 개수가 5이므로 평균값은 250 ÷ 5 = 50

해설 합은 5 + 35 + 50 + 65 + 95 = 250입니다.

문제 9.4   답은 아래 표와 같습니다.

	무게	편차	편차의 제곱
달걀 A	50	10	100
달걀 B	62	2	4
달걀 C	62	2	4
달걀 D	66	6	36

평균을 계산하면   36

표준편차는   6

문제 9.5   평균값과의 차이는 2.1이며, 이것은 표준편차 2.1 ÷ 0.75 = 2.8배에 해당합니다. 따라서 혈압 120은 특이하게 높다고 봐야 합니다.

문제 10.1 전반부 표 부분의 답은 다음과 같다.

해설 최고 혈압－평균, 최저 혈압－평균이 마이너스가 될 수 있으니 주의해야 합니다.

	최고혈압	최저혈압	최고혈압 － 평균	최저혈압 － 평균	곱셈
환자 A	140	100	−30	−10	300
환자 B	160	110	−10	0	0
환자 C	170	80	0	−30	0
환자 D	180	120	10	10	100
환자 E	200	140	30	30	900

뒷부분의 문장 부분의 답은 다음과 같다

다음으로 곱셈한 값을 평균하면 260이 된다. 마지막으로 이것을 [최고혈압의 표준편차 20] × [최저혈압의 표준편차 20] = 400으로 나누면 상관계수 0.65를 얻을 수 있다. 따라서 최고 혈압과 최저 혈압은 양의 상관관계가 있다.

해설 곱셈한 값의 합은 300 + 0 + 0 + 100 + 900 = 1300이므로 곱셈한 값의 평균은 1300 ÷ 5 = 260입니다.

문제 10.2 위부터 순서대로 ○, ○, 나이

확인 문제 1 곱의 법칙으로부터 13 × 4 = 52가지

해설 첫 번째 사건을 카드의 수, 두 번째 사건을 카드의 그림의 개수라고 생각하면 이해하기 쉽습니다. 또 4 × 13 = 52도 정답입니다.

확인 문제 2 $20000 \times 0.7 + (-10000) \times 0.3 = 11000$원

> [해설] 문제와는 관계없지만 기댓값이 플러스이기 때문에 투자하면 이득이라고 할 수 있습니다.

확인 문제 3   답은 아래 표와 같습니다.

	시간	편차	편차의 제곱
육상부원 A	235	15	225
육상부원 B	245	5	25
육상부원 C	245	5	25
육상부원 D	275	25	625

평균을 계산하면   225

표준편차는   15

연습 문제   **해답** (4부)

문제 11.1   2분에 5km 이동했기 때문에 답은 분당 2.5km

문제 11.2 $x = 0.9$일 때, y 값은 $0.9 \times 0.9 \times 0.9 = 0.729$

$x = 1.1$일 때, y 값은 $1.1 \times 1.1 \times 1.1 = 1.331$

x가 0.2 증가했을 때, y는 0.602 증가했기 때문에

미분계수는 약 $0.602 \div 0.2 = 3.01$

> [해설] 답이 조금 틀려도 정답으로 하겠습니다. 예를 들어 미분계수를 3.01이 아니라 3으로 해도 정답입니다.

문제 11.3   Step 1을 실행하면 식은 $2x^2$이 된다.

Step 2를 실행하면 식은 $2x$가 된다.

이 식에 $x = 3$을 대입하면 6이 된다.

따라서 미분계수는 6

문제 12.1	밑변 3, 높이 3의 삼각형이므로,

문제 12.1 밑변 3, 높이 3의 삼각형이므로,

답은 $3 \times 3 \div 2 = 4.5$

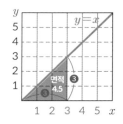

해설 오른쪽 그림을 참고하세요.

문제 12.2 플러스 부분의 면적은 2

마이너스 부분의 면적은 0.5

따라서 답은 1.5

해설 플러스 부분은 밑변 2, 높이 2인 삼각형이므로 면적은 $2 \times 2 \div 2 = 2$ 이며, 마이너스인 부분은 밑변 1, 높이 1인 삼각형이므로 면적은 $1 \times 1 \div 2 = 0.5$입니다.

문제 12.3 Step 1을 실행하면 식은 $-0.6x^3 + 3x^2$이 된다.

Step 2를 실행하면 식은 $-0.2x^3 + 1.5x^2$이 된다.

이 식에 $x = 5$를 대입하면 12.5가 된다.

이 식에 $x = 1$을 대입하면 1.3이 된다.

따라서 적분의 답은 $12.5 - 1.3 = 11.2$

확인 문제 1 적분

해설 KTX의 예제(12.1절)를 확인해 보세요.

확인 문제2 Step 1을 실행하면 식은 $2x^2 - 8x$가 된다.

Step 2를 실행하면 식은 $2x - 8$이 된다.

이 식에 $x = 4$를 대입하면 0이 된다.

따라서 미분계수는 0이다.

확인 문제 3 Step 1을 실행하면 $0.3x^3 - 0.6x^2 + 2x$가 된다.

Step 2를 실행하면 $0.1x^3 - 0.3x^2 + 2x$가 된다.

이 식에 $x = 1$을 대입하면 1.8이 된다.

이 식에 $x = 4$를 대입하면 9.6이 된다.

따라서 적분의 답은 7.8이다.

해설 마지막 적분의 답이 7.8인 이유는 $9.6 - 1.8 = 7.8$이기 때문입니다.

문제 13.1   2

> [해설] 10의 약수 1, 2, 5, 10과 12의 약수 1, 2, 3, 4, 6, 12 중에 공통으로 나타나는 약수의 최댓값은 2입니다.

문제 13.2 $289 \div 204 = 1$ 나머지 85

                $204 \div 85 = 2$ 나머지 34

                $85 \div 34 = 2$ 나머지 17

                $34 \div 17 = 2$ 나머지 0 따라서 최대공약수는 17

> [해설] 최대공약수는 마지막 계산 결과 2가 아니라 마지막으로 나눈 수 17입니다.

문제 13.3   48

> [해설] 12의 배수 12, 24, 36, 48, …과 16의 배수 16, 32, 48, 64, … 중에 공통으로 나타나는 배수의 최솟값은 48입니다.

문제 13.4 $62 \times 38 \div 2 = 1178$

문제 14.1   1100

문제 14.2   10100

> [해설] 100<u>11</u>에 1을 더하면 밑줄 부분에 받아올림이 일어나서 10100이 됩니다. 이해가 안되시는 분은 100<u>99</u>에 1을 더하면 밑줄 부분에 받아올림이 일어나서 10100이 되는 것을 생각해 보세요.

문제 14.3   22

문제 14.4   먼저, 자리 × 수를 각각의 자릿수에 대해 계산하면 다음과 같다.

- 32자리: $32 \times 1 = 32$
- 16자리: $16 \times 0 = 0$
- 8자리: $8 \times 1 = 8$
- 4자리: $4 \times 0 = 0$
- 2자리: $2 \times 1 = 2$
- 1자리: $1 \times 1 = 1$

이것을 전부 더하면 43이므로 10진법으로 변환한 수는 43이다.

문제 14.5 먼저 13을 2로 계속 나누면 다음과 같다.

- 13 ÷ 2 = 6 나머지 1
- 6 ÷ 2 = 3 나머지 0
- 3 ÷ 2 = 1 나머지 1
- 1 ÷ 2 = 0 나머지 1

나머지를 밑에서부터 위로 읽으면 1101이므로 2진법으로 변환한 수는 1101이다.

문제 15.1 위부터 순서대로 B, A, C

해설 위에서 첫 번째 수열은 2가 계속 곱해지는 등비수열입니다. 위에서 두 번째 수열은 81이 계속 더해지는 등차수열입니다.

문제 15.2 7, 11, 15, 19, 23

문제 15.3 등차수열 7, 9, 11, 13, 15의 합

해설 1단의 좌석 수는 7이며, 2단 이후에는 앞 단보다 좌석이 2개 많으므로 1, 2, 3, 4, 5단의 좌석 수는 순서대로 7, 9, 11, 13, 15가 됩니다.

문제 15.4 첫 번째 숫자가 7, 마지막 숫자가 15, 수열의 길이는 5

따라서 합은 $(7 + 15) \times 5 \div 2 = 55$

문제 16.1 14미터

해설 예상하는 문제이기 때문에 5미터 이상 30미터 이하면 정답으로 하겠습니다.

문제 16.2 sin 43°

문제 16.3 cos 23°

문제 16.4 1.28미터

해설 삼각형의 높이는 tan 52°미터, 즉 약 1.28미터입니다.

문제 16.5 위부터 순서대로 sin, tan, cos

해설 틀린 분들은 sin, cos, tan가 각각 어떤 것이었는지 다시 한번 확인해 보세요.

문제 16.6 약 5.67

문제 16.7 $500 \times 0.035 = 17.5$미터

해설 0.035×500도 정답입니다.

확인 문제 1 $400 \div 288 = 1$ 나머지 112

$288 \div 112 = 2$ 나머지 64

$112 \div 64 = 1$ 나머지 48

$64 \div 48 = 1$ 나머지 16

$48 \div 16 = 3$ 나머지 0

마지막으로 나눈 수는 16이기 때문에 최대공약수는 16이다.

해설 최대공약수는 마지막 계산 결과 3이 아니라 마지막으로 나눈 수 16입니다.

확인 문제 2 1010000

해설 2진법의 $100\underline{1111}$에 1을 더하면 밑줄 부분에 받아올림이 일어나서 1010000이 됩니다.

1	0	0	1	1	1	1

↓ 받아올림

1	0	1	0	0	0	0

확인 문제 3   첫 번째 숫자가 26, 마지막 숫자가 14, 수열의 길이는 7

따라서 합은 $(26 + 14) \times 7 \div 2 = 140$

확인 문제 4 $1500 \times 0.174 = 261$미터

해설 16.7절과 거의 같은 문제이므로 틀린 분은 복습하세요.
또한 0.174×1500도 정답입니다.

확인 테스트 해답

문제 1 (1) $y = 0.5x + 1$의 그래프는 (b), $y = x^2 - 5x + 7$의 그래프는 (c)

해설 일차함수 그래프는 항상 직선이며, 직선 그래프는 (b)밖에 없습니다. 또한 이차함수 그래프는 반드시 포물선이며 포물선 그래프는 (c)밖에 없습니다.

문제 1 (2)   이차함수

해설 공원의 면적은 함수 $y = x^2$으로 나타내며, 이것은 이차함수입니다.

문제 1 (3)   1만 명: 4주 후

100만 명: 6주 후

해설 10의 4제곱은 1만, 10의 6제곱은 100만입니다.

문제 1 (4) $y = \log_{10} x$

> **해설** 감염자 수가 x명이 되기까지의 시간은 '10을 몇 제곱하면 x가 될까'이기 때문에 답은 $y = \log_{10} x$입니다.

문제 2 (1) 평균은 6시 50분, 표준편차는 30분

> **해설** 표준편차는 아래 표와 같이 계산할 수 있습니다.

	기상 시각	평균과의 차이(분)	편차의 제곱
1일째	6시 20분	30분	900
2일째	6시 40분	10분	100
3일째	6시 40분	10분	100
4일째	7시 40분	50분	2500

평균을 계산하면 **900**

표준편차는 **30분**

문제 2 (2) 220만 원

> **해설** 기댓값은 (월급) × (확률)의 합으로 계산할 수 있으므로 답은 200만 × 0.8 + 300만 × 0.2 = 220만입니다. 자세한 내용은 아래 그림을 참고하세요.

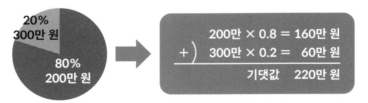

20%
300만 원

80%
200만 원

```
    200만 × 0.8 = 160만 원
+)  300만 × 0.2 =  60만 원
    ───────────────────────
    기댓값    220만 원
```

문제 2 (3) 오름차순으로 A, C, D, B

> **해설** A는 음의 상관관계가 있고 C는 상관관계가 거의 없으며, D는 일정한 양의 상관관계가 있고 B는 매우 강한 양의 상관관계가 있습니다.

문제 2 (4) 먼저 10명 중에서 3명을 순서를 생각해서 선택하는 방법의 수는 10 × 9 × 8 = 720가지이다. 또 순서를 생각하지 않으면 패턴의 개수가 6분의 1이 되기 때문에 답은 120가지이다.

> **해설** 곱셈의 순서가 달라도(예: 8 × 9 × 10) 정답입니다.

문제 3 (1) 적분

> **해설** 적분은 누적값을 구하는 것입니다.

문제 3 (2)   미분

> **해설** 미분은 변화의 속도를 구하는 것입니다.

문제 3 (3) $x = 0.9$일 때, y의 값은 1.62이다.

$x = 1.1$일 때, y의 값은 2.42이다.

x가 0.2 증가하면 y 값이 0.8 증가한다.

따라서 대략적인 미분계수는 4이다.

> **해설** 미분계수가 4인 이유는 $0.8 \div 0.2 = 4$이기 때문입니다.

문제 3 (4)   Step 1을 실행하면 식은 $60x^3$이 된다.

Step 2를 실행하면 식은 $20x^3$이 된다.

이 함수에 $x = 1$을 대입하면 20, $x = 3$을 대입하면 540이 되므로 답은 520.

문제 4 (1)   10010

> **해설** 18을 2로 계속 나누면 아래 그림과 같으며 나머지를 아래에서 순서대로 읽으면 10010이 됩니다.

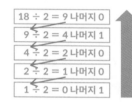

문제 4 (2)   첫 번째 숫자가 10, 마지막 숫자가 109, 길이가 100인 등차수열의 합이므로 답은 5950마리.

> **해설** 등차수열의 합 공식(15.4절)을 생각해 봅시다.

문제 4 (3)   4300

> **해설** 최소공배수는 (첫 번째 숫자) × (두 번째 숫자) ÷ (최대공약수)로 계산할 수 있으므로 답은 $100 \times 86 \div 2 = 4300$입니다.

문제 4 (4)   먼저 cos 30° 값은 약 0.866이므로 고운이의 위치는 관람차 중심보다 약 43.3m 낮다는 것을 알 수 있다.

즉, 관람차의 최상부보다 93.3미터 낮으므로 고운이의 위치는 지상 16.7미터 높이에 있다.

문제 5 (1) 위부터 차례로 80%, 64%, 51.2%

해설 확률의 곱의 법칙(8.4절)을 확인합시다.

문제 5 (2) 위부터 차례로 20%, 36%, 48.8%

해설 한 번이라도 성공할 확률은 '100% − (전부 실패할 확률)'입니다.

문제 5 (3) 먼저 성공률 20%, 즉 실패율 80%인 도전을 x번 했을 때 전부 실패할 확률은 0.8의 x제곱이다.

거기서 한 번이라도 성공할 확률을 99%로 하려면 전부 실패할 확률을 1%로 해야 하므로 필요한 도전 횟수는 $\log_{0.8}0.01$번.

이것을 계산기로 계산하면 약 20.64이므로 21번 도전하면 최종 성공률이 99%를 넘는다.

해설 어려운 문제입니다. 가장 어려운 부분은 $\log_{0.8}0.01$을 유도하는 것이며, 이것은 '0.8을 몇 제곱해야 1%(=0.01)가 될지를 구하면 좋을까'라고 생각하면 풀기 쉽습니다.

맺음말

약 200페이지인 이 책도 드디어 마무리를 맞이하게 되었습니다. 함수부터 미적분까지 다양한 내용을 다루었으며 끝까지 읽어 주셔서 정말 감사합니다.

여러분은 이 책을 읽기 전 중고등학교 수학에 대해 어떤 인상을 가지고 있었나요? 삼각함수, 미적분, 표준편차, 지수, 로그 이런 키워드만 들어도 '이건 어려워서 이해할 수 없어'라고 느끼시는 분들도 많으셨을 것 같습니다.

하지만 이 책을 다 읽은 여러분은 지금 중고등학교 기초 수학이라는 아이템을 익혔다고 할 수 있습니다. 물론 이 책은 중고등학교 수학의 기초밖에 다루지 않았지만, 기초라는 것은 매사에 중요하기 때문에, 앞으로도 자신감을 가지고 수학을 공부하셨으면 합니다.

마지막으로, 이 책에는 어려워서 이해할 수 없었던 부분도 있을지 모르지만, 무엇인가 하나라도 도움이 되는 것을 얻을 수 있었다면 정말 기쁠 것 같습니다. 그리고 이 책이 어떠한 형태로든 수학 교육 향상에 조금이라도 아바지할 수 있다면, 저로서는 더할 나위 없이 기쁠 것입니다.

요네다 마사타카

감사의 말

이 책을 집필하면서 많은 분의 도움이 있었습니다. 저는 예전에 알고리즘(정보 과학의 한 분야) 책을 쓴 적은 있었지만, 이런 수학책을 쓸 생각은 하지 않았습니다.

그러나 다이아몬드 출판사의 와다 치카코(和田 史子) 님은 제가 지금까지 쓴 책을 보고, 이 사람이라면 수학을 잘 못하는 누구라도 이해할 수 있는 책을 쓸 수 있을 것 같다고 생각하며 의뢰를 해 주셨습니다. 이 계기가 없었다면, 이 책이 탄생하는 일은 없었을 것입니다.

또, 다이아몬드 출판사의 이시다오 다케시(石田尾 孟) 님은 와다 치카코 님과 함께 수학을 잘 못하는 사람의 시점에서 원고 리뷰를 해 주셨습니다. '나도 꼭 수학을 이해하고 싶어!'라는 열의가 이 책을 매우 이해하기 쉽게 해 주었습니다.

또 아래 여덟 분들로부터는 다양한 시점에서 원고에 대한 논평을 받았습니다. 고등학교 수학책을 쓰는 것이 처음이었던 저에게 큰 도움이 되었습니다.

井上 誠大　　川口 音晴　　杉山 聡　　中村 聡志
諸戸 雄治　　横山 明日希　　米田 寛峻　　綿貫 晃雅

만약 여러분이 이 책을 쉽게 이해할 수 있었다면, 위의 총 열 분의 덕분입니다. 정말 감사합니다.

찾아보기